YKKの流儀

世界のトップランナーであり続けるために

YKK株式会社・YKK AP株式会社
代表取締役会長CEO
吉田忠裕

［取材・構成］
出町譲

PHP

目次

YKKの流儀

序章 高級路線に逃げない

第1章 本社は東京になくてもいい

第2章 YKKが世界で躍進した理由——「善の巡環」とは何か

第3章　トップランナーであり続ける理由

第4章 私の「善の巡環」経営

本書掲載のデータは二〇一七年三月末時点の数値に基づいています。

序章

高級路線に逃げない

シェア低下に危機感を抱く

「高級路線に逃げない」――。

二〇一七年三月に、二〇二〇年度までの四カ年計画を発表した際、私は繰り返し、こう強調しました。ファスナー業界では、高価格帯が売上の八割程度を占めていますが、そうした商品だけに偏っていてはいけない。大きな市場となっているスタンダードなファスナー、つまりそれほど高くない価格帯の標準的なファスナーを強化しようと訴えたのです。

技術者はとかく、高級路線を追求したがるものですが、高級路線だけでなく、スタンダードなファスナーをいかに開発するのか。そこに技術力を傾注すべきだと私は考えています。これは高級路線を追求してきたわが社にとっては大変な作業ではありますが、避けては通れない道なのです。

もちろん今後も、高級路線の商品の重要性が下がることはありませんので、やり続けます。ただ、同時にスタンダードをもう一つの領域として手がける覚悟を全社員に持ってほしいのです。そのためには、それぞれの価格帯の商品にどれくらいの需要があるのか、それを見極めて対応しなければなりません。

私はローコストとか低価格という表現はあまり好きではありません。そのため、高級ではない領域については「スタンダード」という言葉を使っています。とにかく、高級路線に逃げないで、スタンダードもやると、まわりがうんざりするくらい繰り返し言い続けています。

おかげさまで、国内では、「ＹＫＫといえばファスナーの会社」と多くの方が認識してくださっており、世界的にみても、金額ベースでいえば、世界のトップクラスに立っています。

しかし、私たちは危機感を持っています。

ＹＫＫのファスナーは金額ベースでは世界シェア約四〇％以上と推定していますが、数量では約二〇％にとどまっていることはあまり知られていません。つまり、約八〇％は他社製品なのです。市場に供給されているファスナーの大半は中国製で、ここにどのように攻め入るかが今後のわが社の発展の鍵を握っています。

そして、実は、ここ数年でわが社のシェアは徐々に下がっています。新興国を中心に市場がどんどん拡大していったことで分母（世界で製造されるファスナーの数）が大きくなったことが原因です。このままだとどんどん落ちると社員に発破をかけているところです。

市場シェアが落ちても、利益は上がっているので、「利益」という観点からいえば、経営的にはまったく問題がないと思われる方もいらっしゃるでしょう。たしかに、従来どおりに高級路線を狙えば、利益は出る体制になっています。社内においても、高級品市場で、新規のメーカーに納入することに成功した場合、評価の対象になります。

しかし、そのことに満足していてはいけません。世界の人口が増え続けていることで、ファスナー市場は確実に大きくなっています。これまでもＹＫＫは顧客と信頼関係を築き、ニーズをしっかりと把握することで新しいバリューを提供してきました。ですから、スタンダード市場にニーズがあるなら、やはりその分野にもっともっと参入すべきなのです。

ＹＫＫが世界でトップクラスといっても、開拓していない新たな市場はまだまだあります。たとえば、鞄についているナイロンやポリエステル系のファスナーの大半は中国製です。ヨーロッパ、アメリカで製造している多くの高級鞄にはＹＫＫのファスナーがついていますが、数量でいえば圧倒的に多い汎用品の鞄の市場には、まだ十分には食い込めていません。

ではは世界でどのくらいの数のファスナーをＹＫＫは売ろうとしているのか。

一つ前の第四次中期経営計画（二〇一三年から二〇一六年度）では、目標を一〇〇億本に設定しましたが、実際には約九〇億本にとどまりました。新たな経営計画の目標は、約一二九億本です。目標もかなり高くなっていますが、私はそれでも足りないと考えています。二〇〇億本、二五〇億本と、まだまだ高みを目指すことは十分に可能なのです。

グローバルな研究開発の強化が急務

高級路線の商品についてはこれまでの経験値がありますが、スタンダードの商品はそれほど慣れていません。しかし、スタンダードなファスナーの中で、どこよりもいい品質を維持しなければＹＫＫが製造する意味がありません。性能、コストについても顧客の期待以上のものを提供する必要があるのです。

さらに、納期もきわめて重要なテーマといえます。ファスナーというものは、基本的に「部品」です。そして、衣料品や鞄などはファスナーがなければ完成しません。ですから、メーカーにいち早く、納めなければならないのです。こうしたニーズにすべて応えるのは、決して簡単なことではありません。

そこで、大きな役割を果たすのは、研究や開発を担うＲ＆Ｄセンターです。

二〇一七年からの中期経営計画では、ファスニング事業のＲ＆Ｄセンターを全世界で六カ所から九カ所に増やす方針を打ち出しました。「スタンダードでの競争力強化」を進め、「より良いものを、より安く、より速く」顧客に提供することを目指すためです。

海外の工場の中には、製造だけでなく、商品開発の機能を持っているところもあります。そこではファスナーのスライダーの引き手の形状を開発したりしていますが、Ｒ＆Ｄセンターはもっと基幹的な部分の研究・開発を手がけます。たとえば、ファスナーの主要部品であるチェーンなどです。

海外では、ミラノから西に九〇キロ離れたベルチェリ市にある工場にファスニングのR&Dセンターの第一号をつくりました。それまでは研究開発は日本だけでしたが、それでは小回りが利きません。イタリアの拠点では、高級ブランドに対応した高級路線のファスナーを研究・開発していますが、日本からも専門家を送り込みました。

その後、ベルチェリを含めて世界各地にR&Dセンターを六カ所つくりましたが、二〇一七年度から始まる第五次中期では三カ所を追加する計画です。そこでは、スポーツアパレル用のファスナー、スタンダードなファスナー、さらに特殊なファスナーなどを分担して開発していく予定です。

そして、それらのR&Dセンターをまとめるのが日本の富山県黒部市のR&Dセンター、いわば、「技術の総本山」です。単なる生産工場ではなく、開発型工場なのです。このR&Dセンターはどこも真似できない最先端のファスナーの開発を担っています。

千載一遇のチャンス

金額ベースの数字でみれば、「世界トップクラス」というのは間違いではありませんが、残念ながら「世界のＹＫＫ」と呼んでくださるのは日本の方くらいです。以前、中国の政府高官に頻繁に会っていた時期がありましたが、その高官は会うたびに、ＹＫＫの中国での市場シェアを聞いてきました。

中国のファスナーメーカーは業界では数千社あるといわれていますが、実際には二〇〇社ほどでしょう。こうした会社がテープや、スライダーなどの製造を分業しています。その二〇〇社だけで、数量ベースでいえば、世界のファスナーの大半を供給する能力があるのです。そういった事情もあり、中国でのＹＫＫのシェアを今の二倍三倍にするのは至難の業といえるでしょう。

中国でファスナーメーカーが台頭したのには理由があります。ヨーロッパやアメリカだけでなく世界中のアパレルメーカーが、人件費の安さに魅かれて中国に縫製工場をつくったことが大きな要因です。

しかし、こうした世界的な流れも今、大きな転換期を迎えています。中国の人件費が高騰しているからです。

今、アパレルメーカーは、中国で縫製するよりはもっと安い国で縫製したほうがいいと考えるようになっています。そのため、世界中のアパレルメーカーが中国以外のアジアに縫製工場を移転する動きが、かつてないほど急速に進もうとしているのです。

中国の人口が減少し、人件費が高騰する中で、中国政府が繊維関係の事業にどれだけ力を入れるか不透明な状態にあります。

これはわれわれにとっては、千載一遇のチャンスといえます。

私たちはすでに、アジアに機械や設備を投資して、工場をつくって、迎え撃つ体制を整えています。これから来るであろう需要の先読み、機械の開発、輸送……、簡単なことではありませんでしたが、顧客が求める品質のファスナーがつくれるラインを確保する目途は立っています。

アパレルメーカーが外国にシフトすることで、当然、中国のファスナーメーカーのパイは小さくなります。そのパイを奪い合って、競争が激化するかもしれません。本当に強いファスナーメーカーは中国の中で、事業をさらに展開していくかもしれませんが、そうでないメーカーは、中国の国外で生きる道を探さなければなりません。

しかし、中国のファスナーメーカーが、海外へ設備投資をして、ＹＫＫと同じように工場をつくる体制を整えるには、時間がかかるでしょう。

今後、アパレルメーカーが中国にどれだけ残るかわかりませんが、仮に中国で生産しているアパレルメーカーの二〇％が国外にシフトした場合どうするか、三〇％だったらどうか、われわれは常に先を予測し、手を打ち続けています。われわれのミッションは、中国から他の地域に生産をシフトさせるメーカーにファスナーを供給することです。

バングラデシュ、ベトナム、インドなどの工場で設備投資して、迎え撃つ……。物騒な話に聞こえるかもしれませんが、「いい競争」は大いに結構なのです。競争すれば必ず、結果が出ます。競争は今まだ始まったばかりですが、勝たなければなりません。

技術者は頭の切り替えをしなければならないが……

中国からシフトした工場でどのような設備投資をするのか。それが今後経営の重要テーマになりますが、やはり「スタンダード」を意識しなければなりません。

われわれはファスナーメーカーですが、ファスナーをつくる機械も製造しています。その機械の基本コンセプトは、高級ファスナーをいかにして安くつくるかです。しかし、それだけでは、スタンダードのファスナーには対応できません。

ファスニング事業の中核製造拠点である黒部事業所の技術者が、明日から頭を切り替えて、スタンダードなファスナーを製造する機械や材料をつくらなければならないのですから、それは大変な作業です。単なるコストダウンではなく、既成概念を変える必要があるからです。

今までは「高級路線」という明確なターゲットが一つでしたが、これからはターゲットが二つになります。従来からの高級路線、そして新たなターゲットであるスタンダードなファスナーです。

そのためにすべきことを、二〇一七年四月からスタートした新しい経営陣が第五次中期経営計画に盛り込み、今後、スタンダードな商品に力を入れていきます。

そもそも、スタンダードというのはどういうレベルの商品なのでしょうか。われわれは、具体的に定義しようとしています。スタンダードの下はローコストですが、ＹＫＫはローコスト領域に参入する予定はありません。

ローコストというのは、自動車でいえば、インドの自動車メーカーが販売する二〇万円台の領域のものを指します。では、四〇万、五〇万くらいの車はローコストかスタンダードか……。

感覚的な話で恐縮ですが、四〇万、五〇万くらいの車はスタンダードの領域に属すると私は考えます。ですから、ＹＫＫも、ローコスト領域には参入しませんが、日本の自動車会社と同じくスタンダード領域においてはしっかりと戦っていくつもりです。

私はすでに、四年前の二〇一三年に出した第四次中期経営計画において、高価格帯だけでない路線を強化するように主張していました。それでも、なかなか社員の意識は変わりませんでした。業績もよく、現状を変えたくないと考える社員が多かったのでしょう。

しかし、業績がよいときほど、次の戦略に投資しなければならないのです。市場は常に変化しています。ですから、これで完成ということはありません。そのときどきのマーケットのお客様に喜んでいただけるものをつくりあげていくことが大切なのです。会議に出ていると、「こういう点がうまくいった」「新しい顧客を獲得できた」などと、成功体験ばかり聞こえてきます。いい数字ばかりみていてはいけません。あっという間に坂から転げ落ちることはあるのです。

ですから経営陣には常々、

「スタンダード商品に乗り出さないなら、私がＹＫＫを辞めて、もう一つ、新しいファスナーメーカーをつくるぞ」

と宣言しています。

そんな私の危機感がようやく全社的に浸透し始め、時間はかかりましたが、社員の意識改革もやっと始まりました。

なぜ、欧米の巨人に勝利できたのか

ＹＫＫは、これまでアメリカ、ヨーロッパにおいて競合するファスナーメーカーと鎬《しのぎ》を削ってきました。そこで勝利したという歴史を経験しています。そのとき、ライバルメーカーはなぜ負けたのか。

再投資や研究開発を十分にしなかったからです。業績が好調な際に、経営者が巨額の報酬を得たり、会社そのものを売ったりしていたのです。そんなことをしては負けるに決まっています。

もともとファスナーはアメリカで開発されました。一八九一年に開発されて、その後、タロンという会社が誕生しました。それ以来、品質も数量も圧倒的な存在だったタロンは長らく王者として君臨し続けました。

終戦からしばらくたったころのことです。創業者であり、私の父でもある吉田忠雄が戦後、自分たちでつくりあげたファスナーを輸出したいと考え、アメリカから来たバイヤーに見せたことがあります。

「いくらで買ってもらえるか」

期待半分不安半分で答えを待ったところ、そのバイヤーは思わぬことを口にします。

「あなたのファスナーはこの程度か。私たちのファスナーはもっといい。だから、私のファスナーをあなたに売ってあげましょう」

とアメリカ製のファスナーを見せられ、逆に営業をかけられてしまったのです。これにはさすがの忠雄も、ものすごいショックを受けました。

このとき、忠雄はアメリカのすごさを痛感したのです。そこで、懸命に品質のよいファスナーづくりに励みました。さらに、ファスナーを製造するための機械や材料づくりにも取り組みました。

その結果、タロンを追い抜いたのです。やがてタロンはテキストロンというコングロマリット（複合企業）に売却されました。

また、ドイツにも大きなファスナーメーカーがありましたが、経営者が利益を懐に入れてしまい、その結果、再開発や再投資に資金が行き届かなくなりました。

われわれは、アメリカとヨーロッパの巨人に対決を挑み、勝利したのですが、今、背後から、ひたひたと中国メーカーが迫ってきています。

中国メーカーは、われわれが欧米勢に勝利した経緯を全部知っています。ＹＫＫの弱点を探ろうとしていますが、われわれは、絶対に負けないつもりです。

全世界で六極経営

今、ＹＫＫは全世界に社員が約四万四〇〇〇人います。日本に一万七〇〇〇人、海外に二万七〇〇〇人です。

ＹＫＫグループは世界に一一一社あり、それらを六つの地域に分け、六極の地域経営をやっています。北中米、南米、ＥＭＥＡ（ヨーロッパ、中東、アフリカをカバーするエリア）、中国、アジア、そして日本です。

たとえば、日本における富山県黒部市のような存在が、北中米においてはアメリカのジョージア州です。そこにはファスニングのR&Dセンターもあれば、YKKグループの事業のもう一つの柱である建材事業を行なうYKK APのアメリカ本部もあります。

六極には、それぞれ同じようなサブシステムがあります。オペレーション上は対等ということになっていますが、商品開発、技術開発はR&Dセンターで統括しています。

たとえば、断熱住宅の先進地であるドイツにYKK APのR&Dセンターを二〇一七年五月にオープンしました。このR&Dセンターでは商品開発をするわけですが、当面は商品開発の前段階でもしかたがないと思っています。ヨーロッパには、建築や建材など先進分野があるので、しばらくの間は、そういうものを調査研究することになるでしょう。商品だけでなく、たとえば、窓の開閉をつかさどる部品などの機能部品も対象になりますので、研究対象は無数にあります。

そういった研究を続けることは、未来の商品開発に必ず役立ちます。二、三年研究していけば、その中から開発するテーマも見つかってくるでしょう。そして、そのテーマに合った人材を現地に投入する……。

ですから、YKK APの第五次中期経営計画に、R&Dセンターをドイツにオープンすることを盛り込みましたが、前半の二年で研究をやり、後半の二年で開発するというようなスケジュールになると考えています。

創業家は継がない

ＹＫＫは私の父である吉田忠雄が創業した会社ですが、私には「創業家」という意識はあまりありません。

会社は強くなければいけません。会社の経営は、海外の従業員にも筋が通って、説得力がないといけません。失敗したら怒られるけれども、うまくいったら褒められる。そんな土壌が大切なのです。

その意味で、創業家が社長を継いでいくことには違和感があります。忠雄にも、いわゆる「創業家」という意識はありませんでした。「社員はすべて自分の子どもだ」と考えていましたから。

社長という仕事は、十年間できれば十分です。五十五歳のときに社長に就任すれば、六十五歳で十年です。それくらいの年齢がちょうどいいのです。

逆算すると、五十五歳で就任するならば、その数年前から副社長や取締役の経験を積まなければなりません。そうなると、四十代から重要な任務に就くべきだということになります。

そして、重要な任務で経験を積んだ優秀な人材が社長になる。私はそういう仕組みをつくっているつもりです。

二〇一一年六月に、ＹＫＫは猿丸雅之を、ＹＫＫ ＡＰは堀秀充を社長として起用し、私は会長になりました。その後、二〇一七年四月に猿丸のあとを継いで社長に就任した大谷裕明と、これまで創業家ではない三人の社長を起用しました。さらにＹＫＫでは、バングラデシュから四十八歳の松嶋耕一を日本に戻し、副社長に起用しました。それで、猿丸副会長、大谷社長、松嶋副社長と三世代が一緒に、新たなファスニング事業、つまりスタンダード分野への強化を打ち出します。

この三人の経歴も、ＹＫＫにおける海外事業の力点の置き方と符合しています。猿丸は、アメリカ駐在経験が長く、ユダヤ人社会の中にどっぷり浸かっていました。大谷は、中国や香港にいて、華僑の世界を熟知しています。つまり、副会長と社長が、ユダヤ系チャネルと、華僑系チャネルを持っているのです。

今後重要となるのは、アジアです。その意味もあってアジアに駐在していた松嶋が副社長になったのです。

「四十八歳で副社長」は若くない

四十八歳の松嶋が副社長に就任したことについて、社外の人からは「若いですね」と言われますが、私はそうとは思いません。

アメリカの企業では、三十代の社長もたくさんいます。四十代の社長は当たり前です。日本が極端に遅いのです。本来なら三十五歳を過ぎたら社長になってもおかしくないと私は考えています。

私の基準で若いというのは、四捨五入して三十歳です。つまり、二十五歳から三十四歳までが対象です。

四捨五入して四十歳は中堅。中堅は三十五歳から四十四歳までです。四十五歳になったらもう中堅でもなく、ベテランです。ベテランは五十四歳までです。五十五歳から定年までは「余人をもって代えられない人」です。それは、若い人や中堅、ベテランでもできない仕事をやっている人のことです。

そういう仕事の領域を持っていない人は、残念ながら会社にいらないのです。サラリーマンは、五十代になったならば、自分の得意な分野をつくりあげるべきです。誰も取って代われないという状態を自他ともに認識させるくらいにしなければなりません。

それは出世するという意味ではありません。特殊な分野でもいいから、特技を見つけるべきです。そうすれば、尊敬されて定年を迎えられます。

私だけでなく、「YKKは年功序列」などといった意識は社員にはありません。その証拠に今年四十三歳の執行役員が二人誕生しました（本当はもっと若くてもいいと考えています）。そもそも、YKKは海外に子会社がたくさんあることもあり、昇進のスピードは他社よりも早く、若くして社長になるケースが少なくありません。海外勤務をすれば、すぐ社長という時代もあったほどです。吉田忠雄の時代は、二十七、八歳で社長というケースが多くありました。

組織を変革するには、ある種のパターンをつくっていくことが大切です。それは、今後のYKKの経営陣を決めるにあたっても同じです。とはいえ、新たなパターンをつくるのは、かつて存在していたパターンを切り捨てることになるため、人一倍エネルギーが必要ですから、引退するまでに私がやらなければならない仕事だと考えています。

一つのパターンがうまくできあがると、たとえば四十代の社長が誕生しても、社内で違和感を覚える人がいなくなります。ですから、若いときに「一旗あげよう」という人はぜひうちに入社してほしいですね。

七十三歳が引退年齢⁉

私は二〇一七年一月に七十歳になりました。だんだん次の世代の人たちに、その意識やら何やらを植え付けていかないといけないと思っています。

かなり以前に経済評論家の故三鬼陽之助さんが吉田忠雄にインタビューしたことがあります。私もそこに同席していました。

その際、忠雄は、

「もっとこうやるぞ」

「ここをこうしたい」

と次々に、新たな事業計画への意欲を語ったものです。それを聞いた三鬼さんは、

「あなた自分がいくつだと思っているのですか。あなたがやりたいと言っても、その年齢からすればやれるわけない。勝手に言っているだけだ。それを若い連中がやるというならおれは信用するよ」

と言い出しました。

そして三鬼さんは、

「そうだろう。吉田君！」

と私に同調を求めたのです。私は「三鬼先生、そのとおりです」と答えました。よくぞ言ってくれたと、内心拍手喝采しました。

やはり時代とともに、考え方や技術を引き継いでいかなければなりません。

私はいつまでも会長をやっていたくはありません。やるべきではないとも考えています。そこで四十六歳で社長に就任したとき、執行役員の上限年齢を六十五歳に決めました。社長も執行役員ですから、事実上、六十五歳は社長の定年の年齢になります。

そのため、ある新聞記者は、私が六十五歳になったら社長交代とみていました。私は「これはまずい……」と思って、六十四歳の六月の株主総会で交代を決断。一年早めたのです。その新聞記者は「騙された！」と文句を言っていたそうで、それを聞いた私はにんまりとしてしまいました。

社長を辞めた人は執行役員を離れ、取締役になります。取締役会の中で会長や副会長になるのです。社外取締役の方には年齢などといった制限を設けていませんが、社内の取締役に関しては、年齢の上限を設けました。アメリカなど各国の会社の制度を調べたところ、だいたい七十歳のところが多かったものですから、七十歳になったら引退するという環境をつくったのです。

ただ、人によっては七十歳で辞められると、YKKにとって困る場合もあります。余人をもって代えられないケースです。そこで、七十歳の上にもう一つ上限を設けました。それが七十三歳です。そのため、西崎誠次郎副会長や村井正義副会長は、七十三歳の直前で辞めていただくことになったのです。

その後の副会長は、七十歳になったときに自発的に辞めました。「俺たちも七十になったら辞めよう」と言ってくれたのです。

YKKでは最も長くても、七十歳から七十三歳の間に辞める……。おかげでこの仕組みはだいぶ定着しました。私だけが例外というわけにはいきません。ですから、私も七十歳になったのでいよいよ引退が近くなりました。

今、七十歳に到達した副会長と会長が三人いますが、みんなで早く辞めて、株主総会のときは「株主として経営陣の向かい側に座って質問しよう」と言ったりしています。そうすると経営陣は、「それだけはやめてくれ」と止めるのです。止められるとやりたくなるのが私の性質ですから、それが実現するのもそう遠くないと本気で考えています。

引退する準備はできている

いつかは会長を引退することになりますが、引退後に没頭して集中できる仕事は何か。ある時期からよく考えるようになりました。その答えが「山羊のチーズづくり」でした。私が代表を務める吉田興産が、黒部市営「くろべ牧場まきばの風」で業務を行なっています。YKKとはまったく関係のない家族で経営する会社です。取締役は妻と私で、三女がプロダクトマネージャー。ネット販売中心ですが、毎日時間を決めて牧場で直売もしています。私も週末には、ジーンズにブルーのダンガリーのシャツを着て、山羊牧場に行き、山羊の飼育やチーズ販売の手伝いをしています。

この五年間でチーズづくりの土台の構築は着々と進み、いいパターンができあがってきました。昨年からは東京都内でも販売を開始したほどです。

先日の吉田興産の株主総会で、次の五年間の目標として「利益を出せる安定した会社づくり」を掲げました。その意味で、二〇一七年度は勝負の年です。売上を前年の倍にする計画を立てていますが、チーズだけでは売上は倍にはなりませんので、いろいろ仕込みを始めています。雄の山羊は、肉として売るだけではなく、皮も利用できるのです。なめしてもらえれば、ヨーロッパの超高級ブランドのハンドバッグになります。

ミルクは、そのまま売るだけでなく、ヨーグルトもつくっています。ヨーグルトはミルクよりも付加価値が高く人気があるからです。

今後は、吉田興産ではチーズを担当する人、ヨーグルトを担当する人、ミルクを担当する人、肉と皮を担当する人というように、それぞれ人材が必要です。山羊に関連して、さまざまな部署が立ち上がっていきます。ヤギ事業肉課とか、ヤギ皮部長とか……。

しかし、あの牧場では、搾乳用の山羊は、一〇〇頭くらいが限界です。そこで、今飼っている牛を、山羊に切り替えたらどうかと、堀内康男現黒部市長に提言しています。全部山羊にしたほうが話題性もあります。そうなると、山羊は四、五〇〇頭飼育することが可能になる計算です。

「黒部発」の山羊チーズで世界に勝負

「山羊チーズを販売している」というと、たいてい驚かれますが、実はチーズづくりもYKKの創業者である吉田忠雄と無関係ではないのです。忠雄はブラジルでコーヒー農園をつくりましたが、日本の農業の行く末を憂いていました。

「このままでは日本の農業は滅びる。農業の工業化を果敢に進めるべきだ」

と当時から警鐘を鳴らしていたのです。

彼の主張は「工業化によって効率のいい農業を行なうべきだ」というものでした。需給バランスを保ち、利益を生み出す産業として推し進めることが大事と考えていたのです。

忠雄の思いを引き継ぐ立場である私自身も、

「黒部で世界に誇る六次産業をやりたい」

と常々思っていました。そこで、チーズが好きなこともあり、二〇一一年に山羊一〇頭を飼育し、ファミリービジネスとして始めることにしたのです。目標は、本場イタリアやフランスでも認められる一級品のチーズづくりをすること。

本格的に取り組むにあたり、四人の娘に「チーズづくりの職人にならないか」と聞いたところ、歌手活動をしている三女の朋美が手をあげました。「一年に一回か二回イタリアに行けるぞ」と目の前に人参をぶらさげたら、ガブッと食いついたのが彼女だったのです。

最良の山羊のミルクから、最高品質のチーズをつくりたい……。そこで、家族で手分けして、日本に輸入されたイタリアやフランスの山羊のチーズをかたっぱしから買いあさり、一緒に試食しながら、データベース化していきました。

データベースに三〇種類のチーズが入ったところで、私は朋美に「一番おいしいと思ったところでチーズづくりを学びなさい」と伝えました。

朋美は妻と一緒に、イタリアに足を運びましたが、ここぞというチーズづくりの師匠はなかなか見つかるものではありません。

そんなとき、イタリアにいる日本人の知人が、山羊のチーズのコンテストでトップクラスの賞を獲得しているチーズ工房の職人がいると紹介してくれました。データベースには入っていなかったチーズ職人ですが、食べてみると、「この味だ！」とピンときました。すぐに彼に教えを乞うことを決め、朋美が直接チーズづくりの手ほどきを受けました。私たちは彼のことを「神様」と呼んでいます。

師匠は「こんなに教えてくれていいのかな……」と私たちが心配するくらい何でも教えてくれました。われわれのことを信頼してくれたのです。チーズづくりには富山湾の深層水から採った塩を使いますが、自分の製造方法をまったく違う場所で、その土地の材料を使ってつくったらどんな味になるのか。師匠自身、楽しんでいるようでもありました。

私なりの地方創生

チーズづくりにおいては、何度も何度も試作を繰り返し、ようやく納得のいくチーズができたとき、満を持して「商品化して売れるだろうか」と「神様」に聞いたところ、「いいんじゃないか」と太鼓判を押してくれました。

二〇一四年十月には、日本のコンテストに三種類の山羊チーズを出品しました。七〇人くらいの審査員がいたのですが、三品とも銀賞をとりました。一年目にしては上出来です。少し天邪鬼な私は「日本で評価されただけでは駄目だ。ヨーロッパで評価されなければいけない」と言っています。

このチーズの強みは「黒部」です。山羊は黒部のおいしい水を飲み、富山湾から吹くミネラルをたっぷり含んだ風を受けた草を食べているからこそ、良質のミルクを出します。そしてチーズを熟成させる際に使う塩は、富山湾の深海のもので、立山連峰の雪解け水が、チーズをつくる過程で凝縮されていきます。だから、ヨーロッパでも高く評価される自信があります。

ＹＫＫの事業活動とは関係ありませんが、こういった活動もまた、私なりの地方創生の一つなのです。

第三の事業はコーヒー!?

先述した吉田忠雄が始めたコーヒー事業ですが、今では、ブラジル農園でとれるAランクの豆を使用するカフェ・ボンフィーノは両国に本店を構え、秋葉原や黒部でも提供しています。

なぜ、YKKがコーヒー事業をしているのでしょうか。

われわれは、かつて、アメリカでドルを借り、ブラジルでファスニング事業を始めました。その事業が思いのほか好調で、大きな利益を上げていたのですが、ドルを返済しようとしたところ、ブラジルでは外貨が不足していたため、国外にドルを持ち出せなかったのです。儲けたお金は当時のブラジルの通貨クルゼイロで持っていなければならなかったのですが、ブラジルはインフレが深刻で、現地通貨のままではどんどん目減りしていきます……。

そこで、サンパウロ市内の土地もしくは、貴金属や鉱物資源を購入する案が浮上しました。目減りしないものを買おうという作戦です。

そんな議論があったとき、忠雄は突然言い出すのです。

「同じ土地を買うのなら、農業の土地を買ってくれ」

結局、サンパウロから一〇〇〇キロ北、ブラジリアから三〇〇キロ南のセラードに土地を購入することになりました。長方形にすると一〇キロ×一一キロ＝一万一〇〇〇ヘクタールの土地です。

忠雄は、そこで農業の工業化を実際に試してみたいと思ったのです。農場を工場のように大規模に機械化することで、農業の生産性の向上を狙ったのです。

それでは、実際誰が農場を経営するのか。社内応募を呼びかけたところ、数人が名乗りを上げました。

しかし、忠雄も人選には慎重でした。電気も電話もない土地での農業。タフな仕事であることを承知しているだけに、「ブラジルで農業をやるのははんぱな気持ちではできないぞ。肉体的にも精神的にも大変だ」「お前のような甘い考えでは、俺は託せない」となかなか首を縦に振らず、何人もが不合格となりました。

そんなとき、たまたま、上司から「お前、そういえば農学部だよな」とブラジル行きを勧められたのが八木繁和でした。

八木は当初躊躇していましたが、だんだんと「ブラジルも悪くないな」と行く気になって、ついには自ら手をあげるに至りました。一九八四年に八木は調査名目でブラジルに渡っていったのです。

吉田忠雄との往復書簡

そこから、八木と吉田忠雄の往復書簡が始まります。

最初に届いた八木からの手紙は、「今抜根《ばっこん》作業をしています」という内容でした。調査に行っただけなのに、八木は、その土地を見て、これは大変だと思い、農業用地に整備するため、根っこを抜く抜根作業にさっそくとりかかっていたのです。

そうした熱心さに忠雄は惚れ込みました。

「こいつはいい男だ。体力も根性もないと思っていたけれど、抜根作業をやっているとは、なかなかたいしたものだ」

今度は忠雄が手紙を出す番です。それも、二、三枚の手紙ではありません。一〇枚、一五枚の長さの手紙をせっせと書いたのです。

そんな調子ですから、上司を通さず、忠雄との間で直接のやり取りが始まりました。直接トップとのやり取りですから、他の人は誰も手を出すことができません。二人の手紙では「農場でこんな虫がついた」「もっと土地を肥やすために何かを植えろ」などといった現状報告や指示があったそうです。

八木と忠雄は、いろいろと試行錯誤した後、コーヒーに決めました。

コーヒー事業の本格スタートは着手してから数年後、しかも、コーヒーの収穫は一年に一回で、作付け量や価格は気候の影響を大きく受けるため、なかなか経営が安定しません。それで途中で金になる農業もやりたくなり、牛を飼い、豚を飼いました。そして気がついたら、一二〇万本のコーヒーの木と、四〇〇〇頭の牛と、三〇〇〇頭近い豚を飼う農場となっていたのです。

もちろん、そんな大きな農場を八木一人でつくって、運営することはとうていできません。そこが彼のすごいところで、天性のものなのか、現地の人から「かわいいやつだ」とかわいがられて、とくに日系二世の人たちが親切に農業を教えてくれたことで、ようやく運営が軌道に乗っていくのです。

八木の後任は、大学で農学を勉強した人が赴任しましたが、今では、現地の日系二世の人が運営しています。

その後の八木は、ブラジルで家を建てた経験を生かし一級建築士の資格を取得して、黒部で手がけているパッシブタウンを担当するYKK APの専門役員をしています。このパッシブタウンは、最小限のエネルギーで、温熱環境を整備した住宅をつくろうという試みです。二〇一七年七月に第三期街区まで完成しました。

第1章

本社は東京になくてもいい

世界の大都市に拠点を置かない理由

ＹＫＫは現在、世界七一カ国・地域で展開していますが、大都市にはほとんど拠点を置いていません。工場は例外なく、地方にあります。生産拠点を大切にするため、自然と田舎になるのです。

たとえば、アメリカでいえば、ジョージア州のアトランタから一六〇キロほど離れた田舎にあり、イギリス、フランス、イタリア、ドイツ、さらにアジア諸国でも、工場の多くは、中心都市ではなく、地方に建設しています。

狙って地方に行ったわけではありません。世界各国で工場用地を探していると、「この場所は人手も確保しやすい」「自然環境もいい」「今後物流もよくなるだろう」という話が舞い込んでくるのです。もちろん、土地代や人件費などのコストも大きな要因になっています。

余談ですが、私は、海外工場の周年行事がある際、夫婦で一緒に参加しています。

あるとき、妻は「海外へ行ったことはあるけれども、ニューヨークやパリなどの有名な都市にはほとんど行ったことがない。ヨーロッパを訪れても、結局は田舎に行くだけね」と笑いながらこぼしていました。

国内も例外ではありません。「本社機能の一部を黒部に移転」と報道で取り上げていただきましたが、政府が大企業の地方移転の取り組みを始めるずっと前から、われわれは、黒部への本社機能の一部移転を検討していました。地方拠点強化税制の適用第一号になりましたが、たまたまタイミングがあっただけです。税の優遇にかかわらず、黒部への移転はすでに決まっていました。地方創生は後から追ってきたのです。

「技術の総本山」黒部という発想

なぜ、黒部を中心にグループ全体の本社機能を再配置し、ものづくりに最適な体制を敷くことにしたのか。

ＹＫＫグループの事業の二本柱は「ファスニング」と「建材」。ファスナー、スナップ・ボタンのファスニング事業がＹＫＫで、建材事業の会社がＹＫＫ ＡＰです。

ファスナーは、国内は黒部にしか生産拠点がないのです。メーカーであるからこそ、ものづくりの現場が最も重要であり、生産拠点を大切にしたいと私は考えています。

黒部は「技術の総本山」です。工場を他の場所に分散する気はありません。これからも集中させていきたいと思っています。周辺の技術、周辺の製造アイテムを全部そこに集中させたほうがいいからです。何でもそろっていることが大切です。技術陣もそこにいて、商品の開発も行なっています。ファスナーの製造ラインをつくるための技術陣も駐在しています。

以前、ＹＫＫの現副会長の猿丸雅之に対し、

「どこに本社があったらいいのか」

と尋ねたことがあります。すると、

「本社機能がどこにあるかは、実務をするうえで問題にはなりません。極端な話、バーチャルでもいいですし、世界中のどこにあってもかまいません。生産拠点の八割が海外で

すから、東京でやり取りを行なう必要がないのです」

と答えました。

ＹＫＫ ＡＰについても、二〇一六年四月にこれまで分散していた開発と生産技術の機能を集約し、黒部宇奈月《うなづき》温泉駅の程近くのＹＫＫ ＡＰ黒部荻生《おぎゅう》製造所に「ＹＫＫ ＡＰ Ｒ＆Ｄセンター」を開設しました。

ここは、世界のさまざまな製品ニーズを把握し、技術的な課題を解決するための施設です。ドアや窓の研究開発技術を集積させ、高い品質の商品づくりに力を入れ、顧客に実際の製品を見てもらいます。

黒部には建物の設計士など年間五〇〇〇人が商談や視察に訪れる予定です。将来的にはわれわれの国内外の技術者をＲ＆Ｄセンターに集めたい。黒部で開発した技術を世界各国に供給するビジネスモデルを構築したいと思っています。この地から、断熱性に優れた窓などの魅力を発信していきます。

管理部門の一部も黒部へ――東京・黒部間は約二時間二十分

さらに二〇一六年四月には、人事部、経理部、知的財産部などの管理部門を中心に、東京から約二三〇人の人員が黒部への異動を完了しました。製造、開発部門、さらには、管理部門で働く社員同士の効果的なコミュニケーションを生むのが狙いです。

メーカーであるからこそ、ものづくりの現場が一番大事で、そこに管理系がいることもよいと思っています。

ＹＫＫ ＡＰには、開発本部、生産本部、営業本部があります。開発本部と生産本部は本部長が黒部にいます。しかし、営業本部は東京です。全国一〇カ所の支社があり、それぞれの支社長がいますが、本部長は東京です。

本社機能の一部移転の話が出た際、東京本社にいる営業本部長が、

「私は東京本社にいなければなりません」

と答えました。すかさず、私は反論。

「ちょっと待て。君の仕事は東京でできるのか。開発の進捗状況や生産本部長、開発本部長と話をしようとしたら、むしろ黒部にいたほうがいいんじゃないのか。東京はいつでも行けるよ。お客さんは日本中にいるんだから、黒部市にベースがあってもいいよね」

今後も社内に対しては揺さぶりをかけ続けたいと思います。

二〇一五年の北陸新幹線の開業も、黒部への本社機能の一部移転の追い風となりました。東京・黒部宇奈月温泉間は早ければ約二時間二十分、長くても約二時間四十分になることで、日帰り圏内となったのです。この程度の「距離」であれば、本社の管理系の人の中でも、東京にいなくてもいい人は黒部に駐在して、必要なときに東京に行けばいいのです。

私は黒部で開く役員会や会議を意図的に増やしています。役員会の四分の一は黒部です。ほとんどの役員は、新幹線が開業したこともあり、不便さを感じていないと言います。

取引先との関係でも、トップ同士が会うのは、東京でもいいのですが、技術者同士なら「技術の総本山」の黒部で、実際に製品やものづくりをみながら話し合ってほしいのです。

「東京だから働きやすい」という一般論

本社機能の一部移転のもう一つの要因は、秋葉原にある本社の建て替え計画です。築五十年の本社は、ずいぶんと老朽化し、手狭でもありました。そこで、周辺に分散していた事務所もすべて収容できるような大きな建物を建てようと考えました。当初、二〇階か三〇階建てのビルを想定していましたが、実はこの地区には、四〇メートルの建築規制があり、一〇階しかできないというのがわかったのです。一〇階建ては、東京にいるすべての社員を収容するのは難しい……。

そう考えていた矢先の東日本大震災。リスク分散化の重要性を痛感しました。宮城県大崎市にあるＹＫＫ　ＡＰの東北製造所が被害を受けたのですが、災害対策本部を設置した東京も被災地となってしまったこともあり、それが十分に機能しませんでした。東京に設置する利点はあまりなかったのです。つまり、東京と黒部に本社機能があっても問題はありませんし、リスク分散という点ではメリットとなります。

創業者の思い入れの強い黒部はＹＫＫにとっては特別な土地です。ＹＫＫの長い歴史を考えれば、再び原点に戻ったともいえるでしょう。

本社機能の一部移転で、就職の人気が下がるという声もありますが、私はまったく気にしていません。

ＹＫＫへの入社を志す学生のほとんどは「この部署でこれがやりたい」という明確な思いを抱いています。彼らの思いは、都内のど真ん中でないとできないものではなく、むしろ、日本の地方、アジアやアフリカなどで実現できることがほとんどです。「東京だから働きやすい」というのは一般論であり、個々人にとって仕事に取り組みやすい場所は、必ずしも東京ではないといえるでしょう。

ＹＫＫがまちづくり⁉

本社の一部を移転する際、重要になるのは「社員が住みやすい場所であるかどうか」です。黒部事業所への異動は、二〇一二年から順次始まり、先発隊として七〇人ほどが引っ越してきました。

そこで、会社側が実際に異動した社員に聞いてみると、次々に問題点が浮かび上がったのです。

たとえば、交通。黒部はバスや電車の路線がそれほどなく、通勤や買い物、子どもの送り迎えのための車が不可欠です。奥さんの分を含めて車が二台ないと生活できないという声を聞きました。

電車やバスの接続が悪いことも問題です。せっかく新幹線で来たのに、駅で長時間待たされたら嫌になるのは無理もありません。スイスは田舎町でも特急列車が到着するのに合わせてバスが出発するようになっています。

そして、住宅。富山は持ち家率や広さは、全国最高水準ですが、都会暮らしの長い人にとっては広すぎるという不満がありました。また、一人暮らしの女性は、防犯面で不安があります。黒部市内には、木造の二階建てアパートはあっても、鉄筋の賃貸マンションは少ない。駅の近くでも賃貸物件はあまりありません。

もちろん、会社としても、無料バスや住宅の整備を進めていましたが、まだまだ不十分でした。

「黒部は自然がいっぱいというだけでは駄目だ。住み始めた人がいいところだと感じるようにならなければいけない。働きやすさだけでなく、子どもの教育、家族が快適に暮らせるようにしたい」

と考えた私が導き出した一つの解が次世代住宅街「パッシブタウン」の整備です。不動産業を始めるのかとも言われましたが、そうではありません。

二〇二五年までに六街区、約二五〇戸が完成する予定で、現在までに第一から第三期街区の一一七戸が完成しています。すべて完成すれば、総入居者は約八〇〇人。YKKグループの社員だけでなく、一般の方も入居可能です。パッシブタウン内には仕事と子育てとの両立を支援するための保育所や、カフェ、商業施設も併設しています。

この住宅の最大の特徴は、エネルギー消費量が北陸の一般的な住宅に比べ五割から六割削減できる点です。パッシブタウンはエネルギー問題への挑戦でもあります。

建設のきっかけは、二〇一一年に起きた東日本大震災に伴う原発事故。

日本の電力は原発だけに頼れないということがわかりました。かといって、水力だけではすべてを賄うこともできません。私はあまり使ってほしくないと思っていますが、原子力もトータルのコストがかかりすぎます。

残る選択肢は火力か再生可能エネルギーの有効活用になります。

しかし、エネルギー先進国であるドイツをみても、再生可能エネルギーが普及することで、発電コストは高くなり、電力会社は電気料金を上げざるをえない状況にあります。

電力コストの上昇は、われわれ製造業にとっては致命傷です。帳尻を合わせるために黒部の電力コストが上がっていくようだと、われわれは黒部でこれまでどおりに事業を営めなくなるかもしれない。黒部から離れるということは、日本から外に出ることを意味します。

それは本当に日本経済、あるいは黒部にとっていいことなのか……。少なくとも、われわれは黒部から離れるということを望んでいません。だからこそ、社をあげてエネルギー削減に取り組むことにしたのです。

エネルギー問題への挑戦

われわれにとって一番重要な製造開発の拠点が黒部です。現在、約六五〇〇人の社員がいて、これからさらに多くの人が集まります。ＹＫＫのグループの将来を左右する土地である黒部で、みんなが楽しく働ける、いい環境をつくらなければなりません。

ＹＫＫの工場と社員の住宅で使われる電力消費量は、黒部市全体の五〇％に達しています。工場では、契約方法を変えたり、電力消費を抑える設備を整えて、節電を徹底しています。ただ、製造に支障が出るほどの削減はできません。節電には限界があるのです。

そこで注目したのが、住まいの環境です。まちぐるみでエネルギーを削減できる方法はないかと考え、パッシブタウンの建設に踏み切りました。

いわば、電力使用量を減らしながら、生産活動と生活の営みを維持する壮大なる実験です。「エネルギー問題への挑戦」なのです。

「パッシブ」というのは、「アクティブ」の対になる考え方です。船を動かそうとするときのモーターとかエンジンに当たるのは、アクティブな世界です。「モーターで動かす船」がアクティブです。一方、パッシブというのは、モーターやエンジンではなくて、風や波を利用するやり方です。いわば、「風で走るヨット」です。

パッシブタウンはいかにエネルギーを削減するか、水、太陽、風といった自然環境を最大限利用して、電気やガスの消費量を抑えるかを徹底的に考えて設計しています。

黒部川の扇状地では、一年間を通して一三、四度の伏流水が流れています。その伏流水をくみ上げ、パイプで循環させることで、夏は部屋の中を涼しく、冬は暖かくすることが可能になります。また、日本海沿岸で沖から吹く「あいの風」を使って、暑さをしのげるようにできないか。自然の営みを享受するパッシブという発想をふんだんに盛り込みました。

パッシブタウンだからといって、アクティブな省エネ効率の高い家電などを使わないわけではありません。アクティブとパッシブの二つを使って、エネルギー消費を大幅に減らそうという発想なのです。

大量のエネルギーを使う建物をつくったあとに、エアコンの電力消費量を少なくするのは難しく、大変効率が悪い。つくる前に、黒部の自然をふんだんに活用し、エネルギー消費を低下させる住宅を考えることこそがパッシブタウンの最大の魅力です。

これは、窓や外装を専門とするＹＫＫ ＡＰの仕事にも直結します。家を建築する際、開口部をどうつくるか。風をどう取り込むか。地熱や地下水をどのように利用するのかを考えることになるためです。

設計者には、各街区で、風をいかに取り込むのか、地下水をどのように有効利用するのかという課題に取り組んでもらいます。二〇一六年二月に完成した第一期街区は、アメリカで勉強され、建築研究所でも働いたご経験のある小玉祐一郎神戸芸術工科大学名誉教授に設計をお願いしました。

第二期街区の設計は、建築界の大御所、槇文彦氏。槇氏は新国立競技場にいち早く異を唱えたことでも知られています。旧知の仲とはいえ、恐れ多くもハイエネルギー時代を代表する建築家と言われている槇氏にパッシブタウンの概要を説明し、

「ぜひ、設計をお願いしたいのですが、いかがでしょうか」

と、困難なことを承知して依頼をしたところ、槇氏は、

「私もぜひやりたい。これから十年、十五年先のことを考えると、海外でも日本が直面しているエネルギー問題は非常に大きな問題となるでしょう。そのときに備える意味でもいろいろ勉強したい」

と応えてくれました。

槇氏の事務所には、エネルギー効率に基づいた設計をする専門家がいらっしゃらなかったため、東京大学大学院の前真《まえ》之准教授にアドバイザーとして入っていただくようお願いしました。

前氏はエコハウスを中心とした全国の住宅の調査・研究に取り組んでおられ、コンピュータを駆使して自然エネルギーの効率を分析する建築環境の専門家です。「ここをこう変えると、これだけエネルギーの消費が減る」などの詳細なデータに基づいた前氏の指摘を受けながら、槇氏には設計に取り組んでいただきました。

「失敗しても成功せよ」

このように槇氏を含めた六人の設計者に、六街区それぞれ建築設計を担当してもらう予定でいます。今後は海外の人にお願いする街区も出てくるかもしれません。

実際に住居が完成し、住民が住み始めれば、各街区のエネルギー消費量が明確になります。一年半か二年、シーズンでいうと六シーズン、あるいは八シーズンのデータをとって、それでこの建物のエネルギー消費量は設計時点ではこういう計算だったが、実際に住み始めると、こんな結果になったとわかるでしょう。設計の先生方には酷かもしれませんが、すべてのデータを公表したいと考えています。

あえて公表するのは、どういった材料と設計を行なえば、エネルギー消費量が少ない建物ができるのか、今後の建築モデルの参考にしていただきたいからです。

槇氏も含めて参加者すべての競争になります。創業社長の吉田忠雄は組織内競争を生み出す名人でした。競争こそがよいものをつくる動機づけとなります。忠雄は、

「失敗しても成功せよ」

という言葉を遺しましたが、新しいことを成功させるためには、失敗はつきものです。ただし失敗から学び、最後には必ず成功に結びつけなければなりません。

日本の自然環境は地域によって違います。パッシブタウンに組み込んだ要素が、他の地域で普遍的に使えるものもあれば、黒部ならではのものもあるでしょう。大切なのは、パッシブタウンをきっかけに、エネルギーをできるだけ使わずに快適な住環境を得られるという発想が広がることです。

そのためには、まず、黒部でつくったものが評価されなければなりません。私自身、よいところも悪いところも確認していきたい。こうした取り組みが結果的に、住宅やまちづくりに反映していければいいと思っています。

もちろん、黒部のパッシブタウンを真似してもらえれば嬉しいのですが、今後は各地の特色を生かした住宅建設が進むのではないかと考えています。

われわれはYKK APで窓を売っていますので、以前、風について調べたことがあります。日本は島国だから風は海のほうから山のほうに吹いています。そこで、日本中の七

○○地点でどういう風が吹くか、どの向きに、どのくらいの風が吹くかというのを調べたのです。

また、太陽光発電が効果的な地域は積極的に利用すべきだと思います。ただ、黒部のような雪国においては、太陽光発電は効率がとても悪い。だから黒部では、太陽光発電を利用するとしても、お湯を沸かす程度で、電気をつくるという発想はありませんありません。

先述したように黒部の特色は、黒部川の伏流水や扇状地に流れる地下水があることです。こうした地域の特色を生かしたパッシブタウンのような住宅はドイツやアメリカでも普及しています。コンピュータが発達し、風、水、太陽光などのデータについて分析する精度が上がったことは、パッシブタウンにとっては追い風といえます。

社員の住む場所を会社が一緒に考える

二〇一五年三月の北陸新幹線開業に伴って、「黒部宇奈月温泉駅」ができました。その影響もあり、ＪＲ西日本から運営を移管された第三セクター「あいの風とやま鉄道」の黒部駅前は寂しくなっています……。せっかく新幹線が開業して東京からの観光客やビジネス客が増えても黒部駅を利用する人は少ないのです。何も手を打たなかったら、今後一段と廃れてしまうことでしょう。

そこで「ＹＫＫ社員の単身寮」の活用を考えました。五カ所に分散している寮のうち、老朽化した二棟はとにかく潰します。その土地に、新しい寮をつくる案もあったのですが、私は、

「ちょっと待て。今はとにかく勝手に建て替えるな。これから建て替える寮は、黒部駅の前に集中させよう」

と指示したのです。

駅前はにぎやかになってほしい。駅、市役所、病院、コンビニ、二次交通と小さく効率よく固まれば、住みやすい状態が整うはず……。十年単位でみれば、まちはかなり変わるだろうと考えました。

そこで、黒部駅前にある一万四〇〇〇平方メートルの敷地に単身寮を建設し「Ｋ‐ＴＯ

WN」として整備することにしました。社員四人ずつが入居するタウンハウスを二五棟、合計一〇〇人が住める単身寮で、二〇一七年七月に完成しました。首都圏での生活になれた社員が一人暮らしするのに適切な間取り・広さに設計しました。

最終的には、社員寮とまちの共存を目指し、黒部の「まちづくり」に貢献していきたい。そのため、寮内には、食堂は設けません。寮に暮らす社員はまちに積極的に出て、飲食店や小売店を利用すればいいのです。結果として、駅前が多くの人で賑わい、お店での消費が増加すれば、新しい店をオープンする動きも活発になるはずです。

さらに、一般の人も利用できる小売店や集会場などが入った「K‐HALL」も併設します。これからも黒部駅前の風景をどんどん変えていきたいのです。

現在の計画は二五棟の単身寮ですが、今後、他の寮の老朽化が進めば、もっと建設するかもしれません。あるいは、単身寮は今ほどいらなくなるかもしれません。その場合、一棟四軒の単身寮を一軒家にコンバージョンして、社員が買い取れるようにするなど、工夫していけばいいのです。

なぜ、若者は都会に行きたがるのか

私は四十二歳から黒部商工会議所会頭を務めましたが、そのころからまちづくりを意識していました。

少しだけ、就任した経緯を話しましょう。

そのとき、前の会頭が次期会頭への就任を要請してきました。私は当初、固辞しました。会社中が反対すると思ったからです。

念のため役員会で報告したところ、反対するどころか、役員たちは「いやあ、うちの会社も地元の地域社会ともっと密接にならなくてはいけない。そのためにも何年か会頭をやってくれたほうがいい」と言い始めました。

彼らの言い分はこうでした。

「われわれの会社はアメリカでもヨーロッパでもどこの工場でも、地域社会とはかなり馴染んで、関係は良好だ。しかし、肝心の黒部では、会社が大きくなったことで、地元の人との距離を感じることがある。したがって、地元との接点をつくるためにも、商工会議所会頭の職を引き受けるべきだ」

逃げ場がなくなった私は、会頭を引き受けることにしました。

ただし、私は前会頭に向かって条件をつきつけました。

「まちづくりをさせていただけるのであれば、しばらくの間、引き受けてもいい」

商工会議所では、まちづくりについて提案はできても、商工会議所法というのがあって実行できないのです。

そこで、「NPO法人黒部まちづくり協議会」というのをつくりました。教育関係者、役人などいろいろな人に入ってもらい、私は会長に就任しました。

まちづくり協議会は、一四のワークショップをつくって、「このまちには何が足りないのか」について議論しました。有識者と呼ばれる人も呼んで、「その程度のレベルの話じゃ駄目だ」「もっとこういうレベルに向かってやらなきゃ駄目だ」と、コテンパンに言ってもらいました。

参加者はみな、必死に勉強し、多くの人材を輩出することにもなりました。たとえば、堀内現黒部市長は、まち中に桜を植えようという「さくらワークショップ」のリーダーでした。また、黒部商工会議所の川端康夫現会頭は、副会長だった人物です。

結局、次の会頭にバトンタッチするまで、十年近くやることになりましたが、「地方」と「人材」という課題に直面した十年でもありました。

黒部に限らず、地方の多くの若者はとにかく一度は東京へ出たいという夢を持っているものですが、昔、吉田忠雄が私に議論をふっかけてきたことがあります。

「何で若者は黒部を出て、東京へ行きたがるんだ」

私はすかさず反論しました。

「何言っているんですか。あなただって東京へ出たじゃないですか。若いときのことを考えたら、みんなそうですよ」

私は若者が富山以外の世界にあこがれることはいいことだと思っています。しかし、一方で、地元にいて、

「やっぱり嫌だね。黒部は何もないから」

と否定的に考える人を減らしていきたいとも考えています。

若者を地元に縛りつけておくわけにはいきません。ただ、いったん外に出たとしても、その後、落ち着いて生活したいとか、子どもを育てたいと思ったときにもう一度戻ろうと思えるような魅力あるまちづくりをすればいいのです。それが地方創生だと思っています。

第2章

YKKが世界で躍進した理由
――「善の巡環」とは何か

創業者・吉田忠雄

富山の田舎で生まれた吉田忠雄は裸一貫から、世界の「ファスナー王」と呼ばれるようになりました。七十代になっても、八十代になっても、本人は十八歳だと言いきっていました。こんな言葉を残しています。

「私は決して成年に達しない。無限に膨らむ夢を追い続ける」

現状に満足せず、人生の最終局面まで夢を追いかける人でした。

忠雄の人生を駆け足で振り返ります。一九〇八年九月十九日に富山県魚津市で生まれました。三男一女の末っ子でした。長兄は久政、次兄は久松です。

最終的には、二人とも、忠雄の仕事を手伝ってくれ、ＹＫＫの礎を築いてくれました。兄弟三人が働いたのですから、吉田家にとっては幸せなことだったでしょう。

忠雄が生まれたのは、日露戦争の戦勝気分も消え去り、世の中は不景気へ向かっていく時代でした。魚津尋常高等小学校を卒業したのですが、成績がよかったので、先生から進学を勧められましたが、家のやりくりが大変で、上の学校に進学することを断念しました。卒業する年の一月、二人の兄が、「忠雄、本当に行きたいのなら、俺たち二人で頑張って、お前を大学まで行かせてやる」と言ってくれたそうです。

二人の兄は小学校を卒業後、行商で生計を立てていました。毎日のように雪道を歩き行商する二人の姿を見ていた忠雄は、「進学したい」とは言い出せなかったそうです。「学校なんか行きたくない。卒業したら商売をやります」と答えたといいます。

その後、忠雄は、ゴム長靴を売っていた長兄、久政の仕事を四年間手伝いました。勉強好きだった忠雄は早稲田実業の校外生という制度（今でいう通信制）を利用し、講義録を送ってもらいながら自分で勉強したそうです。

そして、ちょうど二十歳のとき、上京しました。七〇円の餞別を懐にしての上京です。一旗揚げてやろうと思っていたそうです。

忠雄が希望したのは、洋服店に生地を売る貿易商。当時、富山では依然として着物が主流でしたが、ぽつぽつ洋服を着る人も現れていた時期です。そのころの洋服の生地はラシャだったため、ラシャの貿易を志していました。

しかし、昭和不況の真っ只中、職はすぐには見つかりません。やっと見つかった仕事が、主に中国からの陶器を輸入販売していた古谷商店でした。古谷商店は日本橋にあり、主人の古谷順平は忠雄より七歳年上で、富山県入善町出身。古谷は忠雄に対し、

「うちだって、貿易商だ。ラシャでなく、中国陶器だがな」

と入店を勧めたそうです。

古谷商店に入った忠雄は猛烈に働きました。朝五時に起床、拭き掃除や洗濯をやり、朝食をとりました。仕事は重い陶器の配達などで、相当きつかったようです。夜の十二時まで仕事をしたといいます。

めきめき頭角を現し、やがて主人に代わり、上海に出向いて中国陶器の輸入に携わりました。店の中核となったのです。

ファスナーとの出会い――なぜ、高い商品が売れたのか

この古谷商店は順調に商売を拡大していたのですが、円の暴落で巨額の損失が出て、あえなく倒産してしまいました。

満洲にでも行って一旗揚げようと考えていた吉田忠雄は、古谷商店を整理する際、大量のファスナーの半製品を見つけます。古谷商店はファスナーの販売を副業で行なっていたのです。その半製品は大阪のファスナー製造業者、安田壮太郎商店から仕入れていたもので、まだ代金が支払われていないものでした。金額にしておよそ二〇〇〇円分、忠雄はそのファスナーを借り受け、商売を始めます。それが日本橋に一九三四年一月一日に設立されたＹＫＫの前身・サンエス商会です。

社屋は木造三階建て。一階が店と泊まり部屋、二階は家賃を稼ぐための貸間、三階は工場でした。店員は二十五歳の忠雄と、古谷商店から一緒だった十八歳と十五歳の二人の少年。泊まり部屋は狭く、二人が同じ布団、一人は押入れで寝ていたそうです。

ファスナーは、務歯《むし》と呼ばれる、噛み合わせ部分をテープに植え付けて、引き手部分のスライダーを通すことで完成となるのですが、当時のファスナーには不良品が多くありました。

せっかく忠雄が鞄店に販売しても、結局は返品の嵐……。三人は明けても暮れても、返品された商品の修理作業に追われました。

これではいけないと考えた忠雄は、不良品の削減に挑みます。まず、植え付けた務歯が不ぞろいだった場合は、その部分は切り落とし、よいところだけを出荷。細心の注意を払うようにしました。また、スライダーを金づちで何度もたたいて、十分に使用できるものだけを売りました。その結果、仕入れた商品のうち、出荷できるのは、三分の一程度でした。販売価格も他社に比べて一、二割高くなってしまいました。

それでも忠雄はあくまで品質にこだわりました。よいものを出せば、必ず評価される時代が到来すると考えたのです。

考えてみれば、品質第一というのは、今もわれわれの経営の根幹です。若き日の忠雄の経験がＹＫＫの土台になっています。

三人は夜、修理に没頭する一方で、昼間は得意先の開拓に汗を流しました。「一度使ってもらえれば、必ずやお得意様になってくれる」……良質のものを出荷している忠雄たちは自分たちの商品には絶対の自信を持っています。顧客のもとに何度も足を運び、どんなに素晴らしい製品であるかを積極的にアピールしたのです。

売り文句は、

「値段は少し高いが、結局は得になる」

だったといいます。

「お前のところは高いから駄目だ」

と断るお客様には、

「高いかもしれませんが、これを一〇〇ダース買ったら、あなたは来年、きっと三〇〇ダース買うようになります」

「私のファスナーはダースで五〇銭高いが、あなたは鞄一つに五〇銭高い値段をつければよいのです。そして客に、このファスナーは絶対に壊れないから、五〇銭高い鞄ですが、損をしないと言えばよいのです」

と答えました。

品質がいいということで、売上は徐々に増えました。そこで、機械を一台購入、女性作業員も一二人採用して、事業を拡大していきます。

忠雄は常々こう言っていました。

「ファスナーは壊れなければよし、壊れたら駄目。オール・オア・ナッシングで、いたって正直な商品なのです」

忠雄はこの事業を始めた翌年の一九三五年に結婚しました。その相手は私の母の駒子です。自分は身体が大きくなかったため、せめて子どもは立派な体格をと思い、身体の大きい女性を選んだといいます。

結婚後も事業は順調に伸び続け、ハンドバッグや手芸用品、ジャンパーなど、得意先の種類と数は増えていきました。

創業四年後の一九三八年、社名を吉田工業所に変更。東京江戸川区の小松川に工場を構えたとき、従業員はすでに七〇人いたそうです。

しかし、当時は日中戦争による戦時統制下。国内向けの商品に対しては銅製品の使用が一切禁止されるという緊急事態で、銅以外の原材料を使ってファスナーをつくるか、輸出に活路を見出すしかありませんでした。

そのとき忠雄はアルミ製のファスナーを生産する道を選んだのですが、その後すぐにアルミも統制の対象になってしまったのです。その後も、同業者四三社で輸出組合を結成したりと、経営努力を続けるのですが、日本を取り巻く国際情勢は悪化の一途をたどり、輸出からも手を引くことになりました。

「B29なんかには負けないぞ」と叫ぶ

戦争で商売が八方ふさがりになりました。さらなる打撃は、一九四五年三月九日深夜から十日明け方にかけてのＢ29による空襲です。東京大空襲でした。

小松川の工場は全焼したのです。従業員総出で消火しましたが、焼け石に水でした。吉田忠雄は従業員二〇人を引き連れて、着の身着のままで逃げました。荒川の堤防下で、濡

れた布団を被ってみんなで寄り添いあいながら、

「やるぞ、俺はやるぞ。Ｂ29なんかには負けないぞ」

と叫んだそうです。そして、独身者には一〇〇円、所帯持ちには五〇〇円を与え、いったん解散。忠雄の生まれ故郷の富山県魚津に新工場をつくると約束し、連絡先を伝えたうえで、従業員をそれぞれの故郷に帰らせたのです。

忠雄は約束どおり魚津に戻りました。再び事業開始です。まずは工場にするため朝日湯という銭湯を買収。終戦を迎えます。その後、故郷に戻っていた従業員、復員した仲間たちと一緒に工場を再開します。

国内での売れ行きは順調でした。全国の鞄メーカーから注文があり、みるみるうちに、ファスナーの生産ではトップクラスに躍り出ました。

「日本人には技術力がある。それを生かして、世界各国に輸出する貿易立国を目指すべきだ。日本のファスナーは十分輸出品としては成り立つ」

そう確信した忠雄は再び海外への輸出を狙います。

さっそくＧＨＱ（連合国軍最高司令官総司令部）に、出向きました。

「ファスナーをアメリカに輸出できないでしょうか」

と単刀直入に尋ねました。すると、一九四七年、アメリカのバイヤーが来日すると連絡があったのです。

運命の日を迎えました。馬喰町の営業所を訪れたバイヤーに、

「われわれのファスナーを見てください」

と切り出し、一個一個、ファスナーを丁寧に、テーブルの上に並べました。すると、そのバイヤーはそのうちの一つを指差し、

「アメリカでは、これをいくらで売りますか」

と尋ねてきました。

「販売価格は一本九セントです」

と胸を張って答えたのですが、突然相手は笑い始め、おもむろに自分の鞄からファスナーを取り出しました。

「これがアメリカ製のファスナーです。七セント四〇で売っても、儲かっている商品です。あなたのほうこそ、これを買いませんか」

バイヤーが一言発したのです。忠雄は買ってもらおうと考えて会ったのに、逆に買わないかと持ちかけられてしまったのです……。

そのバイヤーが見せてくれたファスナーを手にとってみると、実に良質でした。忠雄が見せたファスナーより数段格上です。それなのに、販売価格はわずか七セント四〇。これではまったく勝負にならない。穴があったら入りたい気分だったそうです。

しかし、忠雄は諦めません。普通の人なら意欲を失うところですが、忠雄の輸出意欲は高まっていきます。「アメリカはなぜこんな上質のファスナーを製造できるのか」と考え、ファスナーの製造機械が優れているからだという結論に達しました。

米国製チェーン・マシンを輸入

当時、ファスナー協会の会長だった吉田忠雄はさっそく、業界が共同で最新鋭の機械を購入しようと提案しました。

「アメリカ製のファスナーが日本に入ってきたら、日本の業界はひとたまりもなく潰れてしまうだろう。アメリカから機械を輸入しよう」

アメリカ製のファスナー製造機はあまりに高額（一台三万〜四万ドル）で、一企業だけではとうてい負担しきれないものだったのです。出資しあって共同の会社をつくるのが忠雄の構想だったのですが、共同購入したとしても一社当たりの負担額は相当なもので、同業者はいっせいに反対しました。

「吉田さん、そんなむずかしい機械に金をかけて失敗したらどうなりますか」

「べらぼうな金をつぎ込まなければならないし、機械を入れたところで高度な技術が必要になるから技師を雇わなければならない。製品の値段も上げなければならなくなる。よいことなんか、何もないじゃないか。やはり、日本人には手植えが一番だ」

あげくのはてにこう言われたそうです。

「機械化を考えるのはファスナーの素人だ」

彼らが嫌がったのも無理はありません。終戦間もないころだけに、洋服や鞄などの需要は旺盛でした。そのため、ファスナーは飛ぶように売れ、生産しても生産しても、需要には対応できない状態でした。手植え式の機械でファスナーを製造していましたが、競争相手がいないこともあり、それで十分対応できたのです。外国からの輸入品もなく、業界全体が潤っていたのです。

そんな中、打ち出した忠雄の構想に他社は冷淡でした。結局、共同での機械購入案はご破算になりました。

しかし、忠雄は強硬でした。単独での購入に踏み切ったのです。

「手先の器用さと低賃金に頼っている限り、ファスナー事業は永久に中小企業の枠を出ない。アメリカの機械を輸入する以外に生き残る方法はない」

当時の商工省や経済安定本部に出向き、持論を展開したのです。二年半が経過したころ、事態が動きました。一九四九年十二月にアメリカ製の高速自動植え付け機四台の輸入許可を得ることができたのです。

頭が痛いのは、その金額です。四台の機械の購入代金は一二六〇万円でした。資本金はわずか二〇〇万円ですから、実に六倍の金額です。

それでも忠雄は日本興業銀行の富山支店に日参し、ついに融資を受けることに成功します。忠雄は当時の興銀の富山支店長の恩義を生涯、忘れませんでした。

この機械は、チェーン・マシンと呼ばれるものですが、恐るべき性能でした。これまでは、金属の材料から務歯と呼ばれる、噛み合わせ部分を打ち抜き、布テープに一つひとつつまんで植え付け、さらにスライダーも、手でセットする手植え式でした。

ところが、チェーン・マシンでは、板状の金属を入れると、務歯が連続的に打ち抜かれ、布テープに自動的に植え付けられていくのです。

これまでの手植え方式では、務歯をつくる打ち抜きの工程で製品よりも大量のスクラップが出ていましたが、チェーン・マシンではロスが少なくなりました。無駄がないうえ、製造スピードも桁違い。従来の国産の機械は務歯を打ち抜くのに、一分間で三〇〇回転が限界でしたが、チェーン・マシンは、一二〇〇回転もできたのです。

短時間で大量の務歯ができるため、製造コストは天と地ほどの差になり、売上は急激に伸びていきました。

一〇〇台の機械導入で業界再編

これだけで満足しないのが吉田忠雄です。わき目もふらず、突っ走るのです。

これと同じような機械を一〇〇台欲しいと思いましたが、さすがに一〇〇台の輸入はままならない。そこで、同じような機械がつくれないかと、複数の日本の工作機械メーカーにあたってみたのです。

最終的に受注したのは日立精機でした。当時、日立精機といえば、日本有数の工作機械メーカーです。そんな会社が魚津の一ファスナー工場の機械を受注したのですから画期的なことでした。

日立精機の技術者らはわざわざ魚津に来て、機械をチェックし、「これならなんとか、製造できる」と言うではありませんか。忠雄はただちに一〇〇台注文しました。当時の日本の産業界には依然として、戦争の爪痕が大きく残っていましたが、日立側は懸命の努力で、機械を製造してくれたのです。

手植えの場合、職人が一つひとつ、検査しなければなりません。管理には時間と経費がかさむことから、規模が大きくなると不良品が増え、倒産するという見方が多くありました。ファスナーは大規模にやったら潰れると言われていたのです。

しかし、忠雄はそんなジンクスは意に介しません。

一九五一年五月、日立精機から待望の機械一〇台が初入荷、しかもアメリカ製に比べてもなんら遜色のないものが到着しました。これでファスナーの生産体制が整ったのです。

同業他社を圧倒する中、忠雄はこう主張しました。

「あなたたちのやり方では、とうてい儲けを上げるのは困難だし、外国製にかなわないと思われる。いっそのことつくるのをやめて販売に専念されたらどうですか」

「そのかわり、われわれが供給の責任を立派に果たします。私は国内での直接販売はやめて、みなさんにこれまでのわれわれのお得意様を振り分けましょう」

得意先は東京と大阪を中心に五、六〇〇社ありましたが、それをすべて同業他社に割り振ることで、国内の直接販売をやめ、直接販売は海外だけにしました。こうして当時のファスナー業界は再編されたのです。

伸銅工場、火事でも落胆せず

チェーン・マシン導入を決めたころ、吉田忠雄はあることを思い悩んでいました。

「ファスナーの金属部分である伸銅材をどのように確保すればいいのか」

ファスナーにとって最も大事なのは務歯です。この務歯は、亜鉛と銅の合金でつくられています。亜鉛のほうが安いため、安物のファスナーは、亜鉛の割合が高くなります。つまり、よいファスナーをつくるためには、亜鉛の割合を低め、銅の割合を高める必要があるのです。

忠雄は当初、金属会社から合金を調達していたのですが、品質に不満がありました。銅の割合を高めるには、自分たちが自ら合金をつくる必要があると考えました。「自らつくる」という思想は、今のＹＫＫにも脈々と引き継がれています。

忠雄はすぐに行動に出ました。伸銅を自分たちで生産することを決め、伸銅工場をつくるために、日本興業銀行富山支店から四五〇万円の融資を受けたのです。

一九四九年二月に伸銅工場が稼働しました。忠雄の勢いは止まりません。さらに、綿テープなどを生産するための織機工場も稼働させました。

これでファスナーのすべての材料を自分たちの工場で生産する態勢を整えたのです。

ＹＫＫはファスナー会社であり、決して紡績会社や伸銅会社ではありません。ただ、消費者には高品質のファスナーを、安定して安く提供するのが至上命題です。そのためにはファスナーに最も適した材料を原料からつくらなければならない……それが忠雄の考え方なのです。

不良品は許されないのがファスナーです。どんなにファスナー生産の機械の性能が優れていても、テープや伸銅品などの原材料に問題があれば、信頼は一気に崩れてしまいます。忠雄はこう言っています。

「万一、不良品であれば、一事が万事で、ＹＫＫのファスナーはすべて駄目だと思われてしまう。われわれとしては、一つたりとも、不良品は出せない。そう考えると、品質確保のため原材料を自社生産するのは、むしろ当然のことではないか」

ところが、この伸銅工場は原因不明の火事で、全焼してしまいます。忠雄は東京に出張中でした。四五〇万円の借金をつぎ込んで建設した工場です。しかも、稼働してからわずか九カ月後の一九四九年十一月に全焼……。東京大空襲といい、今回の火事といい、突然の不運が忠雄に襲いかかりました。

しかし、忠雄は落胆せず、その度に闘志を燃やします。

「私は全力をふるってただちに復旧する。明日からといわず、今日、そして今ただちに作業にかかってもらいたい。目標は一カ月。これが吉田工業の礎を築き、ひいては日本の輸出に大きく貢献するのだ」

工場の拡張工事が相次いでいたため、会社には常時五、六人の大工が常駐していました。彼らは、忠雄の言葉を受けて獅子奮迅の働きで修繕にとりかかります。そして、実際に約一カ月後の一九五〇年一月四日、伸銅工場は完全に再稼働を始めたのです。ただの再稼働ではありません。以前の工場よりも生産能力を大幅にアップさせたうえでの再稼働でした。このスピード復興は周囲を大変驚かせました。

渾身の工場建設も銀行は反対「餅は餅屋に……」

これだけ苦労して伸銅の工場をつくったのですが、時代は変化していました。ファスナーの原料である銅が朝鮮戦争以降、急騰していたのです。そこで吉田忠雄はアルミに目をつけたのです。

銅の代わりにアルミを使用できれば、コストははるかに安くなるだけでなく、製品を軽くすることも可能になります。戦争中にも一度、アルミを手がけたことがありますが、そのときは、軟らかくてどうにもならないという結論でした。

そこで考えたのがアルミの合金です。マグネシウムが五・六％含まれるアルミ合金は五六Ｓと呼ばれ、粘くて硬いという特徴を持っています。

当初、この五六Ｓは他社から購入していましたが、品質のわりに高額でした。ここでも忠雄は生産工場を自社内につくることを決断します。

工場を建設するため、アルミの溶解や鋳造などを日立製作所と共同で一年研究しましたが、なかなか思いどおりのものができません。

最初の年は一億五〇〇〇万円ほど損失を出しました。二年目は七、八〇〇〇万円の損失。そして、ようやく一年半かけて、低コストで高品質の製品を製造できるようになりました。

五六Sというアルミ合金の大量生産は、日本初でした。世界を見渡しても、アメリカ最大のアルミメーカー、アルコア社くらいです。そのため、YKKが製造を始めると、アメリカや東南アジアから注文が殺到しました。

わが社にとっては渾身の工場建設だったのですが、銀行は乗り気ではありませんでした。「餅は餅屋に任せたほうがいい。そんな自前の工場を持つほど売上が伸びるはずはない」

当時のYKKのアルミ合金の消費量は月四、五〇トンにもかかわらず、月産一〇〇トンの工場を建設するという設備投資ですから、銀行が反発するのも無理はありません。

それでも忠雄は強気の姿勢を貫きました。

結果、この五六Sの開発成功は、われわれの経営の基盤をつくってくれました。世界を席巻するきっかけとなったコンシールファスナー。表から見ると、一本の縫い目があるようにしか見えないファスナーの開発に成功したのは、五六Ｓがあったからです。そして、現在のＹＫＫ ＡＰが手がけるアルミ建材への進出も、五六Ｓがきっかけなのです。

工場は「機屋の横に鉄屋」

ＹＫＫの工場では、紡績、テープ、伸銅品、表面処理などの工程を一カ所で流れ作業のように行ないます。それぞれの工程をつなぐ無駄な梱包や輸送費などが省けるのです。大量生産の結果、コストも安くなる。つまり、原料から製品までの一貫生産工場を目指しているのです。

当時よく「機屋の横に鉄屋がいる」と言われていました。同じ屋根の下で、伸銅の機械が務歯やスライダーをつくっている一方で、その横で機織り機械が糸からテープを織っているのです。テープは織られるとすぐに、いろいろな色に染色される。また、その先にはチェーン・マシンが稼働している……。こうした機械もすべてＹＫＫがつくっています。

一貫生産工場という思想があるため、それぞれの工程を結ぶ運搬費や包装費などは省くことが可能となり、大幅なコストダウンにつながっているのです。

社員はこんな冗談を言っていたそうです。

「これ以上一貫生産を進めるなら、糸を紡ぐ綿畑とアルミの鉱山、そして合成樹脂の原料となる油田を買収する以外にない」

普通にやるなら、外注で賄えばいい。しかし、吉田忠雄はもっといい製品、もっと省力化という挑戦を続けました。その結論が一貫生産体制だったのです。

その挑戦が、ファスナーメーカーなのに工作機械まで製造する異例の工場をつくりあげたのです。

しかし、そこも手狭になってきました。新たな工場用地として当初狙っていたのは、魚津市の二五万坪の遊休地でした。

忠雄はぜひとも、その土地に工場を建てたいと考え、当時の市長に対し、

「二五万坪全部買います。値段は市側の言い値で結構です」

と打診しました。

ところが、魚津市からは色よい返事がありませんでした。忠雄としては、魚津は交通の便がよく、しかも二五万坪のまとまった土地であったため、魅力的だったのです。そして何より、生まれ故郷である魚津に恩返ししたいという気持ちを強く持っていました。

膠着状態が続いている中、当時の黒部市長の荻野幸作氏が、市議会や商工会議所のメンバーを連れて忠雄に面談を求め、こう語りました。

「あなたは魚津の二五万坪を買おうとしているそうだが、黒部市としては一〇万坪を無償で提供したいと思う」

忠雄は、

「それはありがたいのですが、実は魚津市の二五万坪に魅力があるのです。広ければ広いほどいいのです」

と一度は断ったのですが、黒部市側は忠雄が受けると言わなければてこでも動くまいという気迫を見せ、ついに忠雄が根負けしたのです。

「ありがたく受けさせていただきます」

忠雄は荻野の手をとって固く握りしめました。

そして、合理化、省力化を徹底した工場が建設されました。この工場では、海外から直接輸入した原綿が、休みなく紡績機で糸に紡がれ、長いテープに織られていく。そして染色工場で、色とりどりに染め上げられる。アルミは溶解され合金となり、圧延などの工程を経て、チェーン・マシンで打ち抜かれ、務歯としてテープに自動的に植え付けられて、長さに応じて裁断されていく。ファスナーは既定の本数に束ねられ、機械的に箱詰めされて、倉庫で待機しているトラックに運び込まれる……。原材料が遮られることなく、工場に入り、製品として自動的に出ていきます。

いわば、理想の工場が完成したのです。

海外生産で「共存共栄」

「市場は世界」と考えていた吉田忠雄が海外に初めて技術提供を行なったのは、一九五九年でした。インドのカルカッタです。

「外国人をうまく使いこなせるだろうか」

と危惧する社内の声を抑えて進出しました。

結果として先手必勝になりました。また同年、ＹＫＫ初の海外拠点をニュージーランドにつくりました。やがて、ヨーロッパにも進出し、オランダのスネーク市にも工場を設立しました。海外生産のノウハウが次々に蓄積されました、東南アジアでは、インドネシア、マレーシア、タイなどです。

日本で生産して、輸出したいというのが忠雄の本音だったようです。しかし、ファスナーは、品質を別にすれば、家内工業的にやれる産業です。東南アジア、中南米、中近東などは、自国のメーカーを手厚く保護し始めていました。輸入を制限してくる国も現れ、われわれのファスナーを使っている海外メーカーから、「思うように、御社のファスナーが手に入らない。ぜひとも、この地でつくってくれ」と要望が出るようになりました。

「外国人が地元でファスナーを製造してくれというのは、当然のことだ。相手の利益になるように、進出しよう」

忠雄はこう決断し、世界各地に工場を建設することにしたのです。

現地に工場を建て、現地の人を雇う。原材料も現地で調達します。日本からは機械だけを輸出するという共存共栄の海外進出を目指しました。

この結果、当時の海外の全従業員のうち九六％が現地従業員となり、大量の雇用を生み出しました。

忠雄の時代に比べて、グローバル化が進展した現在においても、現地で高品質商品・サービスをつくりだすことは難しいと言われていますが、なぜ、当時それが可能となったのでしょうか。

忠雄には「誰が取り扱っても、高品質のファスナーができる」という自信があったのです。日本で培った一貫生産体制の経験がその自信を支えていたのでしょう。

利益も、最初のうちこそ一部を日本へ送金していましたが、ある時期からは、それもやめることにしました。そのお金で、現地の工場の設備投資などを行なったのです。また、工場にある従業員向けのテニスコートやサッカーグラウンドなどは、地域住民に開放したりもしました。

これは今でもわれわれの経営の根幹にある「善の巡環」という思想に根差した活動で

す。こうした「善の巡環」を続ければ、貿易摩擦は起こらないと考えた忠雄はこう述べています。

「合弁会社の設立にしても、相手国の利益も十分考慮に入れず、自分のほうのソロバンだけで、いたずらに技術指導だの資本提携だのと美しいことを言っても必ず、失敗するだろう」

相手国の利益になることは、結果として自分の利益にも通じるというのは忠雄の経営観の根幹でもあります。

米国の高関税、通産省は黙認

海外での勝負を決意した吉田忠雄にとって、頭が痛かったのは、驚くべきほど高額な関税です。その結果、ファスナーの輸出がきわめて困難な状況となっていたのです。欧米各国は日本のファスナーに対しきわめて高い関税をかけていたのです。

なかでも、アメリカはとくにハードルが高かったのです。輸入ファスナーについては、四セント以下のものが六六％、そして、四セントを超えるものについては、五〇％の関税をかけていました。当時のファスナーは材料費が七割近くを占めており、六六％の関税をかけられると、材料代も回収できない状況でした。

なぜこんなに関税が高いのか。その理由は、日本政府のスタンスにもありました。ファスナーはあくまで部品であり、花形産業ではないという位置づけだったのです。

当時、ファスナー協会の会長を務めていた忠雄は通産省に対し、

「ファスナーの関税をもっと引き下げるように交渉してもらいたい」

と主張していました。

しかし、通産省は、

「それはできない。我慢してくれ。ファスナーの関税を下げてくれと要求すると、他の製品の関税引き下げの要求が出てくる……」

と返答したそうです。

忠雄は、

「なぜわれわれは他の製品の犠牲にならなければならないのか」

と猛抗議したといいます。

日本経済にとってウェートの大きいものは、保護しなければならないが、ファスナーのようなものは中小企業の仕事であり、金額も小さいから関税をとられて輸出できなくてもかまわない。それが通産省のスタンスだったようです。

輸出が駄目なら、海外に工場をつくって現地生産する。そう決意した忠雄は、ニューヨーク・マンハッタンのビルに一室を借り、自社製の機械と技術者を送り込み、現地生産を始めます。一九六四年のことです。

ニューヨークには、アパレル企業がひしめき、世界的なファスナーの消費地でした。高層ビルの中に二〇〇〇軒ものアパレル関係の会社がありました。そこで中南米出身の人たちが縫製し、洋服などをつくっていました。それに合わせて、ファスナーが求められたのです。

「もう紙一枚の努力」を

もちろんわれわれにはたくさんのライバルメーカーがありました。進出したときは、数あるメーカーの中で最も下でした。当時最も需要のあるファスナーは、赤、黒、白、紺などの色で長さが数十センチのものです。しかし、こうした商品は他のメーカーにとられてしまいます。われわれは、どのメーカーも嫌がるような注文ばかりを受けました。色が奇抜で、わずか数本単位の注文です。

それでもその注文を受けなければ次はありません。コツコツ努力し、顧客の信頼を勝ち取りました。

吉田忠雄は、

「もう紙一枚の努力を加えなさい」

とかねがね主張しました。ほんの紙一枚でも努力をプラスしたら、将来的には結果が大きく違ってくるという考えです。

ＹＫＫの社員はこの努力の重要性を徹底的に仕込まれたのです。

われわれは、少しずつ順位を上げ、ニューヨークで十年かけてようやくトップになりました。品質の向上とコスト削減の徹底。基本動作で顧客を獲得したのです。

その後、アメリカのアパレル業界では生産拠点が次第に、人件費の安い南部に移っていきました。ニューヨークやロサンゼルスで行なっていた縫製作業が移動したのです。

われわれも、ニューヨークに近いニュージャージー州でかなり大規模な工場を持っていましたが、アパレルメーカーの動向に合わせて南部での工場建設を検討しました。

本格的な工場を建設するには、最低でも二万坪の土地が必要です。そこで、目をつけたのが、ジョージア州のメーコン市でした。当時の知事は後の大統領になるジミー・カーター氏でした。カーター氏は、農業だけでは雇用を生み出すのに限界があるため、工場誘致が必要だと考えていました。そして、メーコンへの進出が決まりました。

いよいよメーコンでの歓迎式典です。忠雄はボストンを出発し、ジョージア州の州都アトランタに到着しました。一五人乗りの州知事の専用機が待っていました。忠雄をアトランタからメーコンまで送るためです。忠雄はその歓迎ぶりに相当驚いたといいます。

メーコン市では、忠雄が滞在する一週間を〝ＹＫＫウィーク〟として、歓迎ムード一色でした。地元紙は連日、報じました。少しの外出にもリムジンが用意され、パトカーがエスコートしたのです。

アメリカ出張でもパンツ、ワイシャツは自分で洗濯

一九七四年に完成したメーコン工場は、ＹＫＫが全米で初めて一貫生産の体制を整えた工場でもありました。紡績、織機、染色、縫製、金属ファスナー、プラスティックファスナー仕上げなど、黒部工場と同じような一貫生産をするために建設されたのです。

ニューヨークから一〇〇〇キロ以上も離れた南部の辺境の地での工場建設です。土地の価格は相場のわずか八分の一。日本の国旗とアメリカの国旗を上げて大歓迎されたのですが、そのとき吉田忠雄は、

「日本の国旗はいりません。私は日本では日本のために働きますが、ここへ来たらアメリ

カなんだから、もし旗をあげるなら、うちの社旗、ＹＫＫの旗なら結構です。これはアメリカのＹＫＫであり、しかもジョージアの企業だから、そういうふうに考えてほしい」と説明しました。カーター氏はそれで忠雄を大いに信頼したそうです。

カーター氏は忠雄を招いて、州の有力者三〇人ほどと一緒に歓迎のパーティーを開いてくれました。その際、忠雄は「善の巡環」を説明したといいます。

「幼少期に富山の魚津で、カーネギーの本を読んだとき、『他人の利益を図らずして、自らの繁栄はない』という話に感動しました。そして、大衆に安く、関連企業にも儲けてもらい、地域にも貢献しています」

カーター氏は忠雄をもてなしたあと、泊まっていってくれと、再三頼みました。しかし、忠雄はそれを丁寧に断りました。その理由は洗濯です。

忠雄は旅行中も必ず、パンツとワイシャツを自分で洗っており、ホテルのほうが気がねなく洗濯できると言ったのです。それを聞いたカーター氏は大笑いしたそうです。

全米でシェア急拡大——きっかけは

このメーコン工場ができてからアメリカでのシェアは急速に拡大していきます。

この工場で最初につくったのは、務歯がコイル状に成形されているコイルファスナーです。その需要は急拡大していました。当時われわれにとって最大のライバルは、タロン社でした。ファスナーでは、全米の市場シェア四〇%近くの巨大メーカーです。

結果的には、ＹＫＫはこのコイルファスナーや、その後に注力したジーンズ用ファスナー、そして、一九八〇年代に取り組んだコンシールファスナーで、タロン社など他社と肩を並べました。コンシールファスナーをナイロンでもつくれるように技術改良しました。

忠雄も製品の出来には太鼓判を押していました。ナイロンのコンシールファスナーは爆発的に売れ、米国だけでなく、欧州にも広がっていったのです。

アメリカ大統領も驚いた「善の巡環」

ところで、その後、カーター氏は大統領に就任します。就任式には、大統領からじきじきに招待があり、吉田忠雄夫婦と一緒に私と妻も出席しました。

大統領の宣誓台に向かって左が上院議員、右が下院議員の席となっており、私たちの席は、上院議員の席の最前列で、前に何も遮るもののない、最もいい席でした。

目の前に現れたカーター氏は右手をあげて、左手を聖書の上において「大統領として職務を忠実に履行する」と宣言されました。

そして、こんな演説をしました。

「ともに働き、ともに喜び、ともに悲しみ、ともに学び、ともに祈ろう」

忠雄だけでなく、私もそれをきいて大いに感動しましたが、その後、知事時代の補佐官が忠雄に、

「あれはミスター・ヨシダの〝善の巡環〟と同じ意味のことを言ったんだ」

と語ったといいます。

かつてハーバード大学のエズラ・ボーゲル教授はＹＫＫの新年会でこんなスピーチをしました。

「吉田忠雄とジミー・カーターの二人には共通点が二つある。二人とも田舎生まれの田舎育ちで、勤勉実直だ」

現場で汗を流して働くことを基本としている二人はよく似ているのかもしれません。

富山から世界の企業へ

ヨーロッパでも、アメリカほどでないにしろ、四五％の税金がかかっていたため、一九六四年に工場を建設しました。

オランダのスネーク市の工場です。ここは、アムステルダムから北東に一二〇キロのところにある人口二万人の田舎町で、欧州全域に輸出する態勢を整えました。

当時欧州では西ドイツのオプティ社がトップメーカーでした。ファスナーのプラスチック化、ソフト化を進めており、市場の二割のシェアを確保していました。

吉田忠雄はそこに挑戦したのです。

スネーク工場では、こんなエピソードがあります。

日本から赴任した工場長が一生懸命、オランダ語を勉強して、工場のオープニングの際にオランダ語でスピーチしました。

これを聞いた現地のスタッフが、

「日本語というのは、なんてオランダ語に近いんだ」

と言いました。

笑い話となって今でも語り継がれていますが、工場長本人は必死だったと思います。

なにせ、忠雄は海外赴任する社員に「土地っ子になれ」と発破をかけていたからです。

たとえ現地の言葉がうまくなくても、「そこで生まれたと思って、そのコミュニティのために働きなさい」という意味です。

われわれは一度工場を建てると、逃げも隠れもできません。だからその土地になじむ努力を惜しんではいけないのです。

スネーク市の工場では、研究開発を続け、新製品を次々に出し、独自の販売網を確立し、西ドイツ、フランス、イタリアへと市場を次々に拡大していきました。その結果、欧州でもシェアは急速に拡大。米国、欧州での販売拡大を追い風に、どんどん売上高を伸ばし、ついには売上一〇〇億円を突破。これで世界の企業の仲間入りをしました。

「海外のどこに行っても絶対よそにひけをとらないという強い自信がある。だいたい海外に持ち込む自社製機械の質が違う。長い間、汗水たらして開発した高性能の自動化機械である。日本人であれ、外国人であれ、誰が取り扱っても、よいファスナーがどんどんできる自信がある」

と忠雄は語ったといいます。

長兄の久政主導でアルミ建材へ進出

吉田忠雄は一九五八年、アメリカへ視察旅行に出かけ、ピッツバーグ市のアルミ工場を見学しました。そこでは、一四〇〇トンの押し出し機で、アルミ製のサッシドアを製造していました。もう一つの工場では、一五〇〇トンの押し出し機を稼働させてアルミ製の建材を生産していたのです……。

忠雄はその製造工程に驚くと同時に、アルミ建材の可能性を感じたといいます。

しかし、ファスナーの需要が急拡大している時期ということもあり、役員の間では、アルミ製の建材への進出をためらう雰囲気が醸成されていました。

「ファスナー部門が順調に伸びてきている今、新たな分野に進出することはリスクがあります」

「ファスナー部門の人材や予算がアルミ建材へ割かれれば、戦力ダウンになります」

忠雄自身も役員たちの考えには納得し、アルミ建材への参入はためらっていました。

本音ではあまり好きではなかったみたいなのです。

長兄の久政が、「この商売は伸びる。伸ばしていかなければいけない」と主張していました。長兄として「ファスナーで協力しているが、俺も何か一つ仕事を立ち上げたい」という気持ちもあったのかもしれません。木工の建具が盛んだった地元魚津でも木材供給の先細りが心配されていました。そこでついに忠雄もアルミ建材の参入を決断しました。魚津の木工の建具店にはこう言いました。

「あなたたちは、汗水たらして一生懸命コツコツやっているが、カンナがけにしろ、機械にかないっこない。人手不足で新たに弟子をとるのも難しい。それよりも、私たちの工場でサッシを生産するから、それを組み立てて仕事をしたほうがいいのではないか」

富山の売薬方式と黄色の「看板」

黒部の工場にアルミの溶解工場を建設するとともに、アメリカで購入したアルミ用と伸銅用の押し出し機二台を設置しました。二台合わせての金額は三億六〇〇〇万円。これは、この年のファスナーの総売上高の一割強に当たります。

この機械が本格稼働したのは一九六〇年一月。襖や障子などの室内建具やショーケースなどのアルミ建材を生産しました。

しかし、アルミ建材の責任者である長兄の久政が全国各地を回って営業しても、売れ行きはふるいませんでした。先発のサッシメーカーは大手建設会社や設計事務所などの系列で取引を行なっていて、参入が困難だったのです。

社内外では「判断ミス」という声も上がりましたが、吉田忠雄は冷静に分析していました。

「原因は、ＹＫＫというブランド名が市場に浸透していないことだ。そのような状況の中、従来からの流通経路に委ねていてはこれ以上の販売が見込めないだろう」

そこで編み出したのが、富山の売薬方式での販売です。製品の見本やカタログをバッグに詰め込み、北陸や東北、北海道のガラス店、建具店、工務店に直接売りに歩いたのです。いわば代理店を通さない「直販」。顧客に直接話を聞くことで、要望を取り入れた新製品を開発することが可能になり、ニーズにあった商品は、徐々に売れ始めました。

そして、一九六六年には、木造住宅用のハイサッシの販売を開始。木造の窓に比べ、室内への採光の量が多かったことが消費者に受け、爆発的に売れました。

販売を後押ししたのは、「看板」です。テレビＣＭに加えて、全国各地に黄色をベースに赤い字で描かれた看板を建てました。「ＹＫＫアルミサッシ」「ＹＫＫハイサッシ」……。家の側壁や、小さな納屋、さらには山の上のバス停まで、この看板を張り巡らせたのです。

忠雄は、

「日本中を黄色い看板で埋め尽くすんだ。地方のバス停から山の上までびっしり立てねばいかん」

と言っていたそうです。設置間隔を一二キロ単位からスタートさせ、最終的には、八キロ間隔にしました。その数なんと一四万枚ともいわれています。

ハイサッシが販売された一九六六年の売上高は二〇億円程度でしたが、五年後の七一年には一〇倍以上の二六〇億円となり、ファスナーの販売高を二〇億円上回ったのです。

サッシの責任者である久政はこうした成功を目にしないまま、六七年に亡くなっていますが、アルミ建材の生みの親としてＹＫＫの経営を語るには欠かせない人物となっています。そして、兄からバトンを引き継いだ忠雄はアルミ建材の育ての親として奮闘します。

現在のＹＫＫグループでは、ファスニングと建材が二本柱です。二〇一六年度の実績で売上高ではファスニングが二九三〇億円、建材が四一三五億円と、建材のほうが上回っています。建材分野についていては紆余曲折あったのですが、進出は正解でした。その経緯については、後ほど詳しくお伝えします。

狂乱物価に経営大ピンチ

一九七三年末のオイルショックで、世の中は狂乱物価となり、わが社にも深刻な影響が出ました。ファスナーの材料といえば、樹脂、天然綿、銅、アルミなどですが、その価格は軒並み二倍から二・五倍に跳ね上がりました。アルミの価格高騰は建材にも大きなダメージを与えます。ファスナーと建材という会社の二つの柱が大きく揺らぐことになります。

多くの企業が値上げに踏み切っており、役員の中からも、

「原材料が高くなった分、製品の値上げをすべきだ」

という声が上がりました。

しかし、吉田忠雄は、どうしても安易な値上げは避けたいと考えていました。顧客に負担をかけたくなかったからです。

忠雄は、役員に根気強く語り続けました。

「この狂乱物価も、そう長くは続かないはずだ。安いときに仕入れた材料があるなら、値上げせずにお客様に提供しよう」

役員たちは納得しながらも、営業現場からの悲鳴を聞いていました。

「早く商品を納入しなければ、値上がりして買えない」

という雰囲気はトイレットペーパーに限ったことではなく、日本中に蔓延し、ファス

ナーやアルミ建材の業界も例外ではありません。代理店はわれわれに対し、大量の納品を求めていました。取引先がファスナーやアルミ建材が値上がりすると予想し、大量に発注していたからです。一部では買い占めなども行なわれていました。代理店は取引先に急かされ、大量の商品を仕入れる必要があったのです。現場の営業は経営陣に催促します。

「一刻も早く、商品の納入をお願いします」

役員は異常な実態を忠雄に報告しました。

「今のうちに手を打たないと、商品の奪い合いで暴動が起きます」

忠雄は打開策を考えました。世の中がモノ不足と、それによる値上がりを予測しているなら、それに対抗すればいい。「モノは不足していないし、今後値段も上がらないよ」とアピールすれば、今の狂乱状態は沈静化するに違いないと考えたのです。

そして、そのアピールする場として新年会に照準を絞りました。

「値上げしない宣言」〝爆弾発言〟の衝撃

一九七四年一月七日、吉田工業、吉田商事などＹＫＫグループの新年会が東京・帝国ホテルで開かれました。出席者一七〇〇人。取引先、銀行、政界、マスコミなど日ごろ付き合っている面々が顔をそろえています。

外務大臣の大平正芳さんが祝辞を述べたあと、吉田忠雄が登壇しました。

参加者はみな、ＹＫＫがこの難局をいかに乗り切るか、固唾を飲んで見守っていました。

「これまで材料の中でも値上がりの少なかったアルミニウムですが、昨年末から春にかけて、非常な勢いで高騰しております。昨年の海外相場は一トン当たり一三万五〇〇〇～一四万円、国内は一七万～一七万五〇〇〇円程度でしたが、今では国によっては、三二万円を超えております」

石油ショックの厳しい経済情勢を踏まえて、忠雄は慎重な言葉で話を切り出しました。

そして、忠雄は、ニクソン・ショックをきっかけに、電力や石油の消費量の小さい設備投資を実施してきたと明らかにしました。石油高騰による経済悪化を踏まえ、いち早く、省エネ機械に対応していたことをアピールしたのです。

次に、値上げムードの世の中に釘を刺しました。今は我慢のときだと訴え、系列企業へ優先納入するため、値段を一方的にあげておきながら数量を削ってくるやり方を批判したのです。

「石油がなくなったり、電力の値段が上がったとしても、われわれの商品の値段が二倍、三倍になるわけではありません」

そして、爆弾発言が飛び出しました。

「われわれは、たとえ一〇〇億円損をしても、便乗値上げはいたしません。アルミの価格の上昇分である六万円前後のところをチョン切ってしまう。つまり、富士山にたとえれば、七合目から上の頭を取っちゃう。私が損を被るのです。これが、長い間、ご愛顧いただいているみなさまに報いる道だと思っております。代理店のみなさまも安い価格のときの在庫があれば、値上がりするのを待たずに売ってください。今こそ、ユーザーにお尽くしするときなのです」

つまり、原材料が高くなった分だけ、損をしても値上げしない、一〇〇億円まで損をしてもいいと言い放ったのです。会社の成長にストップをかけてでも、消費者に尽くすという忠雄の強い気持ちが表現されたメッセージでした。

私もそのパーティーにいましたが、会場はいっせいにどよめきました。

この発言は大きな反響を呼びました。

経済評論家の三鬼陽之助氏は忠雄の宣言に接し、「小気味よい」「晴ればれとした気持ち」と述べるとともに、

「同業他社が石油危機に便乗、値上げムードにあるとき、吉田工業は、〝先取り値上げはしない、いまは儲けなくてもよい、赤字を出しても消費者にサービスする〟と、堂々発表した。これは、まさに泥中に咲いた花ともいえる姿である」

と、『夕刊フジ』(一月二十九日)で称したのです。

カーネギーと「善の巡環」

この狂乱物価での発言はやはり、吉田忠雄の経営哲学「善の巡環」につながっています。これは、今も経営の底流にあるものです。もちろん時代とともに変化していますが、根本は変わりません。私自身、今もこの経営哲学を心がけており、ＹＫＫ精神として引き継いでいます。

その経営哲学のきっかけとなったのは、十二、三歳のころです。忠雄は伝記をむさぼるように読みました。その中で最も印象深かったのは、アメリカの鉄鋼王、アンドリュー・カーネギーの伝記でした。

そこにはこんな記述があります。

「他人の利益を図らずして、自らの繁栄はない」

忠雄は子どもながら、この言葉に感動し、生涯心に刻みました。

経営者になってからは、この考え方を自分流に発展させ、「善の巡環」と呼びました。

利益を会社が独り占めするのではなく、お客様、取引先と三等分しようという経営哲学です。

まず、なるべく安くてよい製品をつくる努力をすることです。

具体的に説明しましょう。まずは、これまで生産するのに一〇〇〇円かかっていた商品を五〇〇円でつくれるようにします。

メーカーにとっては利益になるのですが、この利益をどうするのか。お客様、取引先、そして自分の会社に三分配するのです。よりよい製品をより安く供給することでお客様の利益になる。そして、原材料などを大量に購入することで、取引先の利益になります。

最後の残りの三分の一の利益は、自分たちが手にします。それは、従業員の給料を上げたり、株主の配当を増やしたり、研究開発費に使ったりします。

お客様、取引先、自分の会社がそれぞれ繁盛すれば、多くの税金を納め、道路や下水が整う。つまり、個人や企業の繁栄がそのまま社会の繁栄へとつながる構図です。

この思想がＹＫＫの企業精神となり、世界七一カ国・地域のビジネスの根幹となっています。国内一万七〇〇〇人、海外二万七〇〇〇人のすべての社員が「善の巡環」の思想を学んでいるのです。

その思想を浸透させるため、かつて、毎年二月、世界の工場、営業所などのトップを集めて「合同会議」を黒部の工場で開いていました。忠雄の時代は別名「グラフ祭り」と言われていたものです。経営陣が最近の業績や見通しを説明したあと、各国の代表が黒板に貼られたグラフをもとに、説明するのです。ここで忠雄が熱弁をふるっていました。

忠雄が亡くなった翌年の一九九四年に、われわれは「吉田工業」から「ＹＫＫ」に社名を変更しました。この会社は決して吉田ファミリーのものというわけではありません。

事業は社会のもので、個人や家族のものではないと思っています。自分の子どもに継がせようという発想はまったくありません。

第3章

トップランナーであり続ける理由

細やかに顧客に対応

第2章で紹介しましたが、ＹＫＫは吉田忠雄が一代で築いた会社です。しかし、年月が流れると、経営者だけでなく、社員の顔ぶれ、世代も確実に変わっていきます。これまで大変な苦労をして、修羅場をくぐった社員も引退します。これはしかたのないことです。大事なのは、新しい人たちが、挑戦する意識とエネルギーを持つことができるかどうかなのです。

前にも言いましたが、忠雄は競争を重視しました。そして、彼は競争力を維持するためには何をしたでしょうか。

たとえば、「ファスナーは品質が第一で、技術力が重要」と考えるとまず、ファスナーを製造する機械をつくる――。アルミ合金などの原材料も自らがつくりあげました。他人に任せるということを極力避け、納得のいくものをつくる。それが最終的には、お客様に喜ばれる製品になるという信念を忠雄は持っていました。それは、お客様に喜ばれることが、競争力につながるという思想ともいえます。

われわれは、こうした忠雄のやり方を踏襲しながら、さらに進化しなければなりません。

私が大切にしているのは、「きめ細やかな顧客への対応」です。これは、顧客に対して、「One to One（ワン・ツー・ワン）」で向き合うことを意味しています。社員一人ひとりが、一件、一件の顧客の要求にあうように、努力しなければなりません。

たとえば、弊社の顧客同士は同じ領域での競争関係にありますが、ＹＫＫは双方にファスナーを提供しています。その際、「One to One」を大切にして、それぞれの相手が満足する商品を出していくことを徹底することになります。

それは大手メーカーに対してだけではありません。たくさんある中小のメーカーに対しても「One to One」にこだわります。たとえば、私たちはファスナーを売るだけでなく、ファスナーの縫い方もアドバイスさせていただいています。三〇〇人の工場と二〇〇人の工場では、縫い方も違ってきます。縫製機械をＹＫＫが開発し、提供することすらあるのです。

とにかくＹＫＫは徹頭徹尾、お客様であるアパレルメーカーなどが高い品質と競争力を維持するためにはどうしたらいいかを一緒に考えます。ともに議論し、特色のあるファスナーの開発をすることで、メーカーと一緒に私たちも成長できるからです。

つまり、「こんなにいい部品ができました。御社の商品に使えないでしょうか」ではなく、「御社の役に立ついい部品ができました。使ってください」というように、一つの商品を多くのメーカーに斡旋するのではなく、顧客ごとの要求に耳を傾け、カスタマイズしたものをつくるのです。

よくよく聞いてみると、「価格第一だ」という顧客もいれば、「できるだけ早い納期で」という声もあります。「デザインが最も大切」という顧客もいます。

「価格」「納期」「デザイン」……顧客によって優先順位が変わります。そして、その三つすべてを要求するのが、ファストファッションです。

ファストファッションの台頭

近年のアパレル業界で特筆すべき最初の大きな潮流は、中国での大量生産でした。低賃金の労働力を背景に大きな工場で生産し、全世界に向けて低価格の衣料品を販売していったのです。

結果、価格競争は世界的に激化していきました。

では、ヨーロッパやアメリカのファッションメーカーは、低価格に対抗するため、どのように対応したでしょうか。ヨーロッパのメーカーはアジアに近いところに生産拠点を移したり、アメリカのメーカーは中南米に移したりし、コスト競争力を高める努力をしてきました。

しかし、それでも中国には対抗できず、何か策を打たなければならない……。そこで大きな存在となったのが次の潮流、ファストファッションです。巨大ブランド数社がアパレル界で、急速に台頭することになりました。

中国も手をこまねいていたわけではありません。ファストファッションに負けまいとして、同じ分野に参入し始めます。しかし、デザインでは、ファストファッションのほうが上手です。ファストファッションの最大の特徴は、ものすごいスピードで商品を発売すること。消費者のニーズに合わせて、次から次へと新しいファッション、流行をつくりだしていくのです。

中国がキャッチアップするころには、ファストファッションはまた、新しい商品を出す……。追いつこうとする中国を追い払う戦略です。

洋服の世界では、通常リピートオーダーがあるため、売れたものを再発注、再生産するケースは少なくありません。しかし、ファストファッションは違います。売り切ったあと、再生産するのではなく、新商品を発売することで、次々と流行を生み出していくのです。

値段が安く、新しいファッションがどんどん市場に投入される状況に、消費者は飛びつきます。それがファストファッションの典型的な戦略です。汚れれば洗濯し、できるだけ長持ちさせたいという従来の発想とは違い、新しいものを次々に買うという新しい価値観が生まれました。

そのためファストファッション業界からは、ファスナーも極端にいえば「ワンシーズン使えればいい」という声まで上がりました。つまり、ファスナーは強くなくていいという メッセージです。これは裏を返せば、強度は低くてもいいから安いものが欲しいということです。

これには、困りはてました。われわれの経営方針とは、真逆の潮流だったからです。われわれの経営方針は品質第一でしたが、その根底が揺らぎ始めたのです。

アパレルメーカーの縫製拠点移動とともに

ファストファッションは縫製の拠点、工場をどんどん移動させていきます。人件費の安いところに工場を移さなければ、競争力を維持できないからです。そして移動した先でも、競争力がないとわかったら、またまた違う土地へ移ります。

顧客が移動するたび、われわれも同じように工場をつくります。納期を守る意味でも、顧客と近くなければならないからです。そのため、私たちは次から次へと大小の工場を建設することになりました。

ようやく工場が完成し、生産を開始したとしても、顧客はいつ移動するかわかりません。たとえ短期間で移動する場合でも、投資した金を回収できる仕組みを模索し続けています。

この本を書いている間も顧客はどんどん変化しています。

だから、私はかねがね「今までは一つのマーケット、お客様に対して徹底的に尽くしていけばよかったのだが、お客様も変化している。今までのやり方を変えてほしい」と社員に伝えています。

ＹＫＫグループは全世界に一一一社の会社があります。つまり、一一一人の経営者がいるのですが、われわれは三種類のタイプの経営者が必要だと思っています。

一つは、短期決戦で勝負できる経営者。狩猟型です。彼らは、ファストファッションなどの顧客の海外工場に合わせて、素早く工場をつくって、速く供給して、速く回収して利益を上げます。すごいスピードで追いかけながら商売して、畳むものは畳みながらどんどん移っていく経営者。スピード感覚のある人です。

もう一つは、先進国で安定して経営を行なう人です。飽和状態で市場自体が縮小しつつありますが、それでも利益を出さなければなりません。

そして三つめは、発展途上国で活躍できる経営者。バングラデシュ、パキスタンなど、確実に右肩上がりで需要が増えていく国で働く彼らに対して、「大規模な投資をせよ」と私は言っています。需要の倍くらいの工場をつくっても、元がとれるからです。

かつて、多くの社員がマーケットの大きい先進国への赴任を希望しました。そこで私は、先進国にいた社員と、生産国の社員とを入れ替える人事を断行しました。

アパレルという観点でみれば、先進国は消費国です。一方、途上国は生産国になります。途上国の工場で生産し、先進国で販売するというのが鉄則です。

「先進国の発展した都市に住み、現地社員も教育水準が高い。そんな恵まれた環境で君は本当にリーダーになれるのか」

と私は問いかけました。厳しい環境ともいえる発展途上国でみんなに教えながら本当のリーダーになっていくべきだと主張したのです。この問いかけは効果があったようで、多くの社員は「それもそうだ」と言って、生産国に移っていきました。

ところが、最近また奇妙な現象が起きています。発展途上国に赴任した社員の中で「先進国へ行きたい」という人がいなくなったのです。発展途上国で自分がやっている事業のほうが先進国の人の事業に比べ、成長率も高く、目に見える形で実績が上がるため、やりがいを感じて、先進国に異動したがらなくなったからだと私は考えています。

世界シェア四五％？　それとも二〇％？

ＹＫＫの世界のシェアは、まだまだ伸びる余地があります。

新聞報道などで使われるのは、金額ベースの数値ですが、私はあえて、数量ベースで考えるべきだと主張しています。その場合、われわれはまだわずかな規模しか得ていません。つまり、数量ベースでいえば、大多数は他社製なのです。これは由々しき問題です。数量をもっと増やさなければなりません。

われわれは、高価格帯の商品を販売しており、世界の有力アパレルメーカーは品質やデザイン面からYKKのファスナーを使っています。

ただ、現状に満足していてはいけません。

二〇一三年に発表した第四次中期経営計画では、ファスナーの年間の販売本数を七五億本から一〇〇億本に増やす計画を発表し、初めて本数について目標を立てました。

私はもっと、大きい数字を期待しています。

一五〇億本、いや二〇〇億本です。以前は、欧米でも高いシェアを確保していましたし、日本では九五%を超えていました。つまり、需要のある商品をしっかりと出せば、結果として、そのような数値になることはありうるのです。

世界のファスナーの販売は約四〇〇億本あると言われていますから、その半分だったら二〇〇億本です。簡単ではありませんが、やり方次第では可能だと思っています。マーケットシェアを高めるためには奇策はありません。

われわれは、付加価値があり、値段の高いファスナーには強みを持っています。私は常々これまでとは違うカテゴリーのファスナーで競争しろと言っています。つまり、もっと値ごろ感のあるファスナーです。発展途上国が次々に成長し、価格が安いファスナー市場が急速に拡大しているからです。

自動車では五〇〇万円を超す高級車もあれば、一〇〇万円を切る大衆車もあります。われわれも、幅広く対応すべきなのです。

今後、お客様であるファストファッションブランドが高級路線に走っても、一段と低価格帯に力を入れても、われわれは「どっちにでもついていきますよ」と言っています。

また、インドやバングラデシュなどのアジア諸国で一般の人が着ている洋服のファスナーをターゲットにすべきなのです。これまでの成功体験におぼれていてはいけません。

日本の電機業界が低迷した時期がありました。その原因は、スピード感の欠如だと思います。白物家電でも、自分たちと同じような製品をアジアの国が大量生産したら絶対負けるとわかっていたはずです。それなのに成功体験が忘れられない。似たようなものを製造し、相手のコストがこちらのコストの半分だと、勝てるはずはない。

ＹＫＫはファスナーという部品メーカーです。だから、顧客が要求する品質、納期、価格などの要求に応じられないと、すぐに他のメーカーに変えられます。

突然、顧客から契約打ち切りの通告

突然顧客がそっぽを向いた、苦い思い出があります。

アメリカにある大手ジーンズメーカーです。

あるとき、その会社の会長が「これからファスナーについては、仕入先はＹＫＫ一本にするよ」と言ってくれました。その会社は歴史上、ファスナーに関しては二つか三つの仕入先を確保していたのです。ファスナーがなくなったら生産がストップするため、リスクを分散化していたのです。

その会長はわれわれの品質を認めてくれたわけですから、こちらとしては大歓迎です。

ところが事態は一変しました。その後、その会社の経営環境が大きく変わったのです。

旧来型のジーンズにこだわり、販売不振となったのです。

そこは、百何十年の歴史の中で、一つの路線でジーンズの製造を貫いてきた会社です。ところが、ヨーロッパ系のジーンズメーカーが台頭してきたのです。ファッション的な要素をふんだんに取り入れ、消費者はそれに飛びつきました。さらにアメリカ国内にも、その会社に対抗するようなメーカーが出てきます。ジーンズ業界も群雄割拠の状態になったのです。

業績低迷の責任をとって社長が辞任しました。

「ＹＫＫ一本にする」と言ってくれた会長は続投したのですが、外部から登用された社長は経営方針を一変しました。

「頑丈で、高品質を追求するだけでは駄目だ。商品ラインナップをがらりと変え、調達方法も変えよう」と、部品のコストダウンを主張したのです。

その後、私はその会社に呼び出されました。

会長はいきなり、「もうＹＫＫのファスナーは使わなくていいってことになった」と言いました。

その理由を聞くと、「君のところのファスナーは品質がよすぎるから」と返事してきました。「よすぎる」イコール「高い」ということです。高級品を求める時代でなくなった。時代は、安くて、ファッション性が高いものを求めているという主張です。

突然の方針転換に私は驚きました。

「今まであなたと一緒に、こういうファスナーが欲しいからといって、開発してきました。それをいらないというのは何事ですか！」

「もっと悪くていいから安いものを出せと言われれば、うちだって出しましたよ」

何を言っても後の祭りです。

われわれは一時、その会社とは取引しなくなりましたが、現在はＹＫＫ製を再び使ってくれています。

結局、今は非常にいい関係に戻りました。

ナショナリズムの壁は崩壊

顧客との長い間の取引では、いろいろあります。いい関係だと思っていたのが、トップ人事で方針がいきなり変わるのです。これはいい勉強になりました。ちょっと油断をしてしまっていたのです。同様の事態は、あちこちで起きる可能性があります。

もちろん逆のケースもあります。アメリカに、最初からすべてYKKのファスナーを使ってくれているアウトドア衣料でも特色のある商品をつくるメーカーがあります。

私個人もその会社の商品を愛用しています。

われわれはファスナー業界では海外のアパレルメーカーを顧客にしていますが、初めからできたわけではありません。ナショナリズムの壁があったのです。

たとえば、先ほどご紹介したジーンズメーカーもそうでした。ジーンズは、アメリカの衣料業界の基幹産業です。いわば、アメリカ文化の守るべき最後の砦という意識があったのです。

だから、なかなかわれわれのファスナーを使ってくれませんでした。フランスの有名ブランドもそうでした。必ずナショナリズムの壁にぶち当たるのです。

私はこうした企業に直接売り込みに行きました。

あるフランスの有名ブランドのオーナーからは、こう言われました。

「うちはフランスというイメージを大切にしているから、フランスのファスナーしか使わない」

しかし、こうした壁は次第に崩れました。一九八〇年代初頭にはＹＫＫのファスナーは品質が高いという信用を勝ち取ることができたのです。

さらに、アパレル業界の中でも、新しいことに挑戦しようとする人々が現れました。製品がよければ、自国のメーカーのものでなくてもいいという考え方で、ＹＫＫのファスナーを使ってくれるようになったのです。

そしてＩＴの登場で、原材料調達から、生産や販売まで地球規模で行なわれるようになりました。アパレル業界は、グローバル時代に突入し、ナショナリズムの壁はなくなったのです。

こうして、時代の変遷とともに、われわれは、顧客のアパレルメーカーと向き合っていますが、いつも注視しているのは、彼らの生産体制です。一言で夏物といっても、実はその中にもいくつかシーズン分けされています。前述のジーンズメーカーは、一年間を一六シーズンに分けています。

アパレルメーカーはこのシーズンでこの商品を出すと決めていても、売れ行きが不調であれば、店頭の商品をすぐに変えなければなりません。われわれはそれに合わせて生産しなければならないのです。

アパレルの情報、格付け機関も驚愕

ファスナーといっても、用途はさまざまです。産業資材、ベッド、ソファー、自動車のシート、さらには、漁網や建設業でも使われています。われわれにとってはすべて大事なお客様です。そして、そのお客様にきめ細かな対応ができるよう、日々、データを集め、分析しています。

まず、お客様を「アパレル」と「ノンアパレル」に分けて考えています。さらに、アパレルの中でも、地域、グレード、ブランド別というように、細かく分類していくのです。そうすることで、どういうアパレルメーカーがどういう製品をつくっているのか、どのくらいのファスナーを必要としているかが可視化されます。

なかには、少量しか生産しないような最高級のブランドもあります。彼らは、他の世界中のブランドが注目し、真似したいと思っているようなお客様です。もちろん、最高級のブランドだけでなく、流行をいち早くとらえるファストファッションのブランドもＹＫＫのお客様です。

これらのデータを活用し、世界のマーケットを把握し、将来を見通していることもＹＫＫの強みの一つといえるでしょう。これは世界中のアパレルメーカーの動向に精通しているＹＫＫだからこそできる取り組みです。

そんなＹＫＫに対して、アメリカの格付け機関も一目置いてくれているようです。その格付け機関とは、ニューヨークで年一回話し合っていたこともあったくらい、彼らにとってアパレル業界の情報は貴重なものなのです。

たとえば、彼らが「あのアパレルはどうだ」と言ったら、うちは「いやあの会社も悪くないのですが、実はこんな会社が今、台頭しています」と返すのです。お伝えできる範囲ではありますが、アパレル業界全体の情勢や、ヨーロッパの情勢などを説明したりもします。

また、たとえばジーンズ一つとっても、われわれほどの情報を、格付け機関は持っていません。ジーンズの製造工場、また、そのデニムをどこでつくっているか。さらには、デニムのコットンをどこでつくっているか。染色をどこでやっているのか。これらの詳細をわれわれは把握しているのです。

第2章で述べましたが、ＹＫＫは一貫生産体制であり、ファスナーの金属部分やテープも自分たちでつくっています。私は入社一、二年目の二十代の後半のころ、「テープの木綿からつくる必要があるのではないか」と思って、ギリシャの綿畑を見に行ったことがあります。とにかく交渉しようと思って、ギリシャの田舎の綿畑に乗り込んだのですが、そのときは、規模が小さいことがネックとなり、商談は成立しませんでした。

その後、ポリエステルや化繊が台頭してきて、綿そのものをあまり使わなくなります。当時、商談が成立しなかったのは不幸中の幸いといえるのですが、とにかくこの世界は、次に何が起こるか予測するのが大変難しいのです。難しいからこそ、われわれは常に新しい情報を仕入れることをおろそかにしないよう注意しています。

スポーツアパレルメーカーの会長が突然黒部に

次に何が起こるのかわからないという例を一つご紹介しましょう。

一九九〇年代に入り、われわれの顧客であるアパレルブランドは生産体制を大幅に変えたことがあります。そのきっかけは、「インターネットの普及」です。

これはYKKにとっても試練となりました。

われわれは世界各国のアパレルメーカーにファスナーを供給して、発展してきました。

ところが、インターネットの時代を迎え、ビジネスモデルが一瞬にして変わったのです。

最新情報が瞬時に手に入り、流行が一気に世界を駆け巡り、世界中で同一商品をつくれるようになったのです。

世界中でつくる場合、基本的にコストを一定にする必要があります。アメリカに本社があるお客様の場合、そのアメリカ本社が、どういったことを考え、どういった発注を世界中の下請けに行なうのかが肝になるのです。

たとえば、アメリカのあるスポーツアパレル大手は四〇から五〇カ国・地域で生産すると同時に、一〇〇カ国・地域で販売しています。商品はシーズンごとに、ものすごいスピードでどんどん動いていきます。秋物シーズンが到来すると、大手メーカーの本社は「何を、いつから、どこでつくるか」を、世界各国に通知します。次は冬物、春物、夏物と休む暇はありません。

それまでYKKでは、情報収集は各国の現地法人が主体となっていましたが、それには限界がありました。そこで、われわれは、世界規模で展開しているアパレルメーカーを対象としたグローバルマーケティンググループをつくることにしたのです。われわれも世界規模での販売と生産体制を構築し、対応しなければならないからです。

われわれは、アパレルメーカーの具体的なアイテム、色数、生産開始の時期、さらにはどこの工場で生産するかなどを知らなければなりません。

その際、重要なのは、本社の意向です。

「今度はこんな商品をこんな方向で販売したいのですが、ＹＫＫはこんなファスナーを用意できるか」

といった話が舞い込むといった具合です。

どんな商品でも、ファスナーが壊れてしまうと、機能が損なわれてしまい、商品としては成立しません。商品が返品される事態に発展し、アパレルメーカーには甚大な影響が出ます。このため、自分たちのファスナーを世界で同一品質にすることが望ましいのです。

こうした流れの中、最初にＹＫＫに打診してきたのがあるスポーツアパレルメーカーでした。そこの会長が突然、黒部に姿を現しました。たまたま黒部にいた私を追いかけてきたのです。

この会長は国際線から日本の国内線を乗り継いでやってきてくれました。この日はたまたま航空会社のストがあり、チケットの手配が難しく、エコノミークラスを使ってまで会いにきたのです。

疲労困憊していて、最初に言った言葉が「髭だけは剃らせてくれ」でした。

翌朝の朝食会で、会長はいきなり切り出しました。全世界の自社の商品に、ＹＫＫ一社が同一規格のファスナーを供給してくれというのです。

嬉しかった半面、戸惑いました。契約を結べば、実際にファスナーを供給するのは現地法人です。その法人では、ローカル向けと、グローバルブランド向けの双方を扱うことになります。この二種類は、とんでもない違いがあるのです。

また、世界中に同一品質の商品を供給するのも、簡単ではありません。現実には各国ごとに、物価も違うし、製品の価格や納期も違います。それをすべて同じにするのは、無理があるのです。

また、実際に製造する現地のファスナー工場も結構大変なのです。その工場は、この会社の商品だけではなく、別のメーカー向けの商品もつくっています。大量発注される特定の一社向けのファスナーだけが、納期が短くなり、価格も安くなると、他の商品も同じように安くできるはずだという声が上がります。

多くの課題が予想されましたが、この会長の要求には「ノー」とは言えません。結局、申し出をお受けしました。

その後、他のメーカーとも、同じような契約を結びました。グローバル化は避けて通れません。

グローバルメーカーと商品構想を練る段階から協議するのがＹＫＫ流です。

「こんな洋服を来シーズンか再来シーズンにつくりたい」

と言われれば、すぐに共同開発に乗り出します。

たとえば、アウトドアグッズのメーカーで、「何年後にはこんな洋服をつくりたいと言っているぞ」という情報を聞きつけると、私はすぐに黒部の社員に「あの会社はこんな洋服をつくりたいとおっしゃっているぞ」と伝えます。そして、その準備を始めるよう命じるのです。すぐに動き出さなければ、お客様の期待に応えることはできません。

こうした視点は私だけでなく、社内のいろいろな部署、いろいろな人が意識的にあちこちでお客様と接点を持っており、いろいろな情報を仕入れています。

こういうことが世界的な規模でできるのはＹＫＫだけではないかと自負しています。手に入るデータ、情報を綿密に細かく分析し、実践していけば、われわれは国際競争では絶対負けないと確信しているのです。

イタリア製にこだわるワケ

少し個人的な話になるのですが、私は仕事で着るものは全部、イタリア製です。キザっぽく聞こえるかもしれませんが、これは業務上、しかたがない面もあるのです。

ヨーロッパを訪れる際、イギリス、ドイツ、フランス、イタリアなどに行くことになるのですが、どこが一番ファッションにうるさいと思いますか。

それはイタリアです。

どの国もそうですが、頻繁に訪問することで次第に私に対して親近感を持ってくれるようになります。そんなとき、イタリアの現地女性社員は、

「ミスター吉田、あんたの着ているものは駄目だ。こんな色にしろ」

とずばりと発言するのです。

そんなことを言われるのは、イタリアだけです。イギリスでも、フランスでも、アメリカでも言われたことがありません。

もっとも、イタリアの女性社員は私だけでなく、日本から来た派遣員や出張者に対していつもファッション指導をしているようです。

「今度来たあの人のファッションは駄目ね」

「感性がするどくない人はオシャレになれない」

「胸ポケットのあるワイシャツを着て、そこに物を入れているのは最悪」

「ワイシャツの下に下着を着ているなんてとんでもない」

そんなふうにうるさいので、私はなるべく下着を着ずにポケットがないワイシャツだけを着るようにしています。結果、イタリア製のものが増えていくということなのです。もちろん、イタリア製のものは他の国でも手に入りますが、同じイタリアのメーカーのワイシャツでも、ニューヨークで売っているものはポケットがついていることがあるので、結局はイタリアで買うことになります。

その後、私の努力がやっと実ったのか、イタリアの現地社員は、

「うちの本社の社長はちゃんとイタリア人なんだ」

というふうに顧客にアピールしているようです。それが一番口うるさい顧客を説得し、信用を得ることにつながるというのだから、私の努力も無駄ではなかったといえます。

ポケットのついてないワイシャツだけではありません。ネクタイも、たとえば去年のものを今年着けているのはまだ許されるが、一昨年のネクタイを着けていると、大ブーイング……。

しかたがないので、古いネクタイを持っていても、イタリアに行くときだけは新しく買ったネクタイを着けるようにしています。すると現地社員は「ブラボー」と喜んでくれるのです。

そういった努力をする人間を彼女たちは信頼してくれます。

「ファッションの世界に生き、ファッションがどう動いているかを認識し、その一番新しい旬のファッションを意識して身に着けているね」

という評価が下され、「ブラボー」と喝采を浴びることになるのです。

私自身は身に着けるブランドについてはあまり気にしない性質ですが、職業柄、有名ブランドがどこの工場で製造しているかよく知っています。ですから、その工場で製造されたセカンドブランドの服を買うことがあります。理由は、「品質がよく、お買い得」だからです。

これまで私は自分が着ている服を巡っていろいろな経験をしました。

若いころ、ファスナーをおさめているあるアパレルメーカーの社長と会ったことがあります。出会ってすぐその社長は私に言い放ちました。

「お前のネクタイはセンスがない。そういうネクタイを着けている男の会社からは買いたくない」

そのときはずいぶん意気消沈したものです……。

一方で、スポーツアパレルのようなメーカーの社長や副社長はラフな格好をしていることが多いという特徴があります。その場合、私もラフな格好をすることになります。ビジネスにおけるファッションの基本は「顧客に合わせる」ことなのです。だから、私のファッションは同一人物だと思えないくらい、多くのバリエーションがあります。

ファッションの源流イタリア

ＹＫＫではある時期、イタリアの高級ブランドにファスナーを本格的に売り込もうと考えました。そこで商品開発するためのＲ＆Ｄセンターをイタリアのベルチェリにつくったのです。海外では初めての高級ブランド用Ｒ＆Ｄセンターでした。

ヨーロッパに勤務していた営業系、デザイン系、開発系などのメンバーに加え、日本の社員にも来てもらいました。とにかくイタリアで対応できるチームを集結させたのです。最初は五〇人くらいのチームだったと記憶しています。

狙ったのは、イタリアとフランスのトップブランド一〇社。彼らと商売するというのが、ミッションです。

このベルチェリのＲ＆Ｄセンターには、有名ブランドのデザイナーも出入りします。彼らは自分たちのブランドを守るため、厳しい要求を突きつけてきます。

たとえば、ハンドバッグを例にあげましょう。染色できる布とは違って、ファスナーにとって「色」はときにとても難しい問題となります。ファスナー以外の金属部分と色が合っていなければならないだけでなく、変色のスピードも考えなくてはなりません。同じ金色でも一、二年たつと、青味がかかった色から、赤味がかった色に変化することがあります。他の金属部分とファスナーに変色のタイムラグがあると駄目。同じ速度で変色することが求められるのです。

イタリアにR&Dセンターをつくったことで、それぞれのブランドの共同開発チームにYKKも入れてもらうことができました。

そのチームでは、「今度はこういう路線でいくぞ」と方針が打ち出されると、われわれも共同で開発しなければなりません。

金属そのものの開発だけでなく、表面処理の開発なども非常に重要な案件の一つです。光沢が同じにならないと駄目なのです。一事が万事そのような具合で、いろいろと細かいところにこだわり、実際に試作品をつくっていきます。そのプロセスの中で、いろんな技術者が協力し合います。

ファッション業界におけるイタリアの力は絶大です。トップブランドは、それぞれ違うと言いながらも、その開発の源流はイタリアということが多いように思います。たまにはフランスのこともありますが。

ではイタリアのどこかといいますと、二、三カ所あります。たとえば靴の聖地と呼ばれる場所はイタリアのアドリア海側のモンテ・サン・ジュストです。世界の婦人靴などのデザインはそこが発祥の地なのです。

山の中の村なのですが、小さな工場・工房が二〇〇〇軒くらいあります。そこで一年に一回か二回、展示会があり、世界中の靴屋は、そこで何が出てくるかウォッチしています。そこで出品されるものの中からいいものが選ばれ、世界中に発信されていくという仕組みです。

靴だけではなく、高級ブランドの革製品もまたイタリアが世界の中心です。革本体のなめしの技術をつくりあげたのがイタリアなのです。ただ、皮そのものは、アルゼンチンから輸入しています。アルゼンチンに住むイタリア移民が牛をたくさん飼って、皮をイタリアへ送っていて、アルゼンチンとイタリアは、高級皮革製品でつながっているのです。

絹、コットン、皮、それから金属などに関して、イタリアとフランスで、一年に一回ずつ大きな展示会が開かれます。そこに、世界中のアパレル関係者が全部集まって買い付けを行ないます。

中国を含めた国々は、それを真似て、大量生産に入るというのが、現在のファッション業界の大まかな構図となっているのです。

シンガポールの「窓」

私は一九七二年にYKKに入社し、最初の一年間は黒部工場近くの寮に住み、一本のファスナーの原価はどうなっているのか、原価計算の勉強をしました。そして、その翌年の一九七三年に東京の本社に異動し、海外事業の担当になりました。

当時、ファスナーの海外市場はどこもすでに飽和状態でした。海外展開もままならず、開店休業みたいな状況だったのをよく覚えています。

そのような環境下で「それなら、ファスナーでなくてもいいじゃないか」と思い始めました。その私の思いつきが、海外で建材事業を展開するきっかけとなったのです。

一九七六年に、私はさっそく海外で初めての拠点として、シンガポールに支社をつくりました。

なぜ、シンガポールだったのでしょうか。シンガポールのいいところは、まず、英語が公用語であることです。英語は日本人にも比較的なじみのある言語ですので、意思疎通がスムースです。さらに、建築基準法も英国に準拠していました。加えて今後、どんどん経済発展していく勢いがありました。われわれにとってもビジネスチャンスは広がるだろうと思ったのです。

私ともう一人、計二人で現地に行き、ファスナーの会社の社長と一緒になって三人で営業をしました。

当時、カーテンウォールが普及し始めていました。カーテンウォールというのは、ガラスをカーテンのようにぶらさげて、ワンフロアごとにつなぐ工法です。最近よく見られるガラス張りの建物を思い浮かべていただければわかりやすいでしょう。

このカーテンウォールの建物には、軽量のアルミが適しています。シンガポールは超高層ビルが建ち始め、住宅といってもほとんど二〇階程度の高層ビルです。

当時シンガポールでは、住宅やビルの窓はスチールばかりでした。私は同僚と一緒に、Housing Development Board（HDB）、いわゆる住宅公団にアルミの窓を売り込みに行きました。

「アルミの窓をつくりませんか。こんな窓がシンガポールには適しているのではないですか」

と熱心に提案すると、アルミのよさを理解していただいたのか、見事採用されました。ただ、「値段その他の条件でコンペティションをやって選んでいく」と、その公団はうちから全部買うとは言ってはくれませんでしたが、結果、半分くらいはわれわれの窓を使ってくれたのです。

しかし、課題もありました。その当時、われわれはまだ海外で生産していませんでした。そのため、必要な部材はすべて日本からシンガポールに運ばなければならず、かなり割高になってしまっていたのです。

シンガポールの後は、ちょうど国全体が古い建物を建て替える時期でもあった香港に参入しました。さらに続いて第三のターゲットをインドネシアと決め、インドネシアに一貫生産の工場をつくったのです。

欠品騒動でYKK AP誕生

このように私は、海外で建材事業の経験を積んだわけですが、日本の建材事業の問題点もだんだんと見えてきました。

当時、日本の建材事業は住宅用が主流でした。工場で押し出し材をつくり、それを建材流通店と呼ばれる加工店に送り、組み立てる「ノックダウン方式」という仕組みです。大量生産で生産コストを抑え、良質のものを安く提供できるメリットがあります。それは吉田忠雄の流儀でもありました。

しかし、私がシンガポールで手がけたビジネスは、まったく逆です。オーダーメイドで窓をつくることでした。どのような窓をつくるか。一つひとつのビルの設計に合わせてつくっていくのです。

私は忠雄流に反してでも、日本でもビル用建材に進出すべきだと考えました。ファスナーに関しては、私は忠雄と意見がぶつかることはありませんでしたが、建材事業については、このままではいけないと思ったのです。

また、ＹＫＫグループ内に建材の販社が増えすぎていたことも問題でした。われわれは建材の部材を、全国の販売店に納入していたのですが、その際、仲介するのは全国にある販社です。この販社が増えすぎていて、統括的に把握するようなシステムがなかったのです。つまり、商品の流通経路が整理されていませんでした。

私は全国で販社の統合を進め、各地に次々に物流倉庫をつくりました。ところが、建材部門の改革を進めていた矢先、大変な事態が起きました。

一九八八年から翌年にかけて起きた欠品騒動です。

当時はバブル絶頂のころでした。住宅の需要が急速に高まり、サッシ業界は潤いました。ただ、一方で、需要に供給が追いつかず、商品不足が起きたのです。われわれの生産体制では納期に間に合わず、需要に対応できなくなっていったのです。いくら販売店が商品を欲しがっても、商品がない状態が続きました。

欠品に激怒した販売店の中からは、ＹＫＫの販売店をやめたいという声すら出てきました。建材事業始まって以来の重大危機です。

建材事業の幹部は当時、ファスナー部門の本部長をやっていた私のところに来て、現状を説明しました。

「大変なことが起きている」……瞬時に私はそう認識しました。納期や商品開発の改革を行なわなければ、建材部門は駄目になってしまう……。そこで、忠雄に、

「建材の会社を別につくってくれ。つくらないと、問題は解決しない」

と進言しました。最終的に忠雄も、納得してくれました。

それで一九九〇年にできたのがＹＫＫ ＡＰです。ただ、最初はＡＰとはいいませんでした。私は「サッシ」という言葉も「アルミ」という言葉も社名につけるのは嫌だったので、両方つけずにYKK Architectural Productsとしました。「Architectural」という言葉

には、建築文化の根幹にある「Art」と「Technology」を融合させるという思いを込めています。電話で社名を言う際も、「ＹＫＫアーキテクチュラル・プロダクツ株式会社です」と長い名前を言うようにしたのです。ただ、やはり長い社名には弊害もあって、事業の内容が社名から理解される時期を待って、現在のＹＫＫ ＡＰと短縮することにしたのです。

ＡＰの第一のミッションは「納期の短縮」

ＹＫＫ ＡＰにとってまず大事なのは、納期の短縮です。そのために物流システムをかなり改善しました。

物流倉庫を建設し、販社の統合を進めましたが、それ以外にも、コンピュータで商品流通を管理するシステムを導入しました。お願いしたＩＴ業界大手は競争相手にも供給していたのですが、そことはきっちり分けて付き合ってもらうことを確認して、契約にこぎつけました。

このシステムが物流を劇的に改善しました。たとえば、販売店から受注を受けると、その日の正午までの受注はすぐにコンピュータで処理し、夕方には製品が物流倉庫から出荷されるのです。そして、翌日の朝には、受注してくれた販売店に商品を納入できるようになりました。

これにより、販売店の不信感もなくなり、欠品問題の騒動はおさまりました。

この物流システムは、ホストコンピュータを東京都荒川区に置きました。そして全国の工場や販売網、物流センターを結び、在庫状況などをすべて一括管理したのです。

また生産体制も方針転換しました。それまでは大量生産でコストをとにかく削り、高品質なものを安く提供するのが基本でした。売れ筋商品を見極めるため、ライバル社の後追いで商品を出している状況でした。

しかし、YKK APでは、こうした商品開発ではなく、市場の動向を見極めて、他社に先駆けて商品を出すようにしました。このため、プロダクトマネージャー制度を設けました。住宅建材の主な商品ごとに責任者を任命。商品開発、生産、販売を一括して管理してもらいました。その商品に関しては、その責任者が大きな権限を持つことになったのです。

サッシは嫌いだ

建材分野ではいろいろ改革を進めましたが、私はサッシという言葉が嫌でした。あまりかっこよくないなと思っていたのです。餃子そのものではなく、餃子の皮だけ売っているようなものだからです。

吉田忠雄もあんまり好きではなかったようです。私は部材だけではなく、全部つくりたいと思い、「窓」に着目しました。日本のサッシメーカーで初めて窓という概念を打ち立てたのです。

「サッシ」が「窓」とどう違うのかは、業界の人でなければ説明するのは難しいかもしれません。大学の先生でも「サッシ」イコール「窓」という人もいます。しかし、それは厳密には違います。「サッシ」はあくまでフレーム部分のことです。通常、窓に使うガラスはガラスメーカーが供給しています。サッシ業界において、自分たちで窓をつくるという発想はなかったのです。

窓のフレームはもともと、鉄や木。その後は、アルミになりました。それで、アルミサッシメーカーが誕生することになったのです。

あるとき、私はサッシの業界団体の会合で、

「このたび私どもは『窓』をつくることになりました。ぜひ、『窓協会』をつくっていただきたい」

と呼びかけました。

競争相手たちは「『窓』だって？　俺たちはそんなの前からやっている」と反論してきました。私が、「みなさんがやっているのは窓をつくる部材を提供しているだけです」と言い返しました。

製法、供給のシステムをがらりと変えようと思ったのです。今までのチャネルを通さなくなったため、業界では摩擦も起きました。うちのサッシを扱っていた販売店からは非難されました。

「なんだ。ＹＫＫが窓をつくるのか。俺たちがつくっている領域を侵す気なのか」

今まではサッシやガラスをドッキングさせるのは、いわゆる建具店や建材流通店の仕事

でした。

それに加え、ガラスメーカーも怒りました。

「俺たちはガラスという領域を守り、サッシはサッシという領域を守ってきた。その先に建材流通店とかいろいろあるのに、ＹＫＫ ＡＰは、そのガラスの原板までつくる気なのか」

私はこうした非難に対し、「うちはガラスの原板はつくらないけども、ガラスを買い取り、加工して、窓をつくりますよ」と説明しました。

「窓の販売」と並んでもう一つ、私が注力したのは、フレーム部分をアルミではなく、樹脂にすることでした。

アルミでなく樹脂の窓

ヨーロッパやアメリカでは樹脂の窓が普及しています。そこで、日本でも樹脂のフレームで窓をつくる構想を練りました。

やるからには本場です。さっそくアメリカで実践しました。アメリカでは、森林の伐採を規制する法律ができたことも影響し、木材価格は高騰、木の窓をつくっているのは、一部の超高級窓メーカーだけになっていました。

ほとんどのメーカーは、木の窓から樹脂の窓に切り替えていったのです。日本のように「アルミ」という選択肢もあるのですが、アメリカ人はアルミに対してあまりよい印象を持っていなかったようなのです。はっきりいえば、「安い部材」というイメージがついており、長年住み続ける住宅に安物は使いたくないというのが、アメリカの空気だったのです。

本当は、アルミは加工しやすく、鋳型で鋳物をつくりやすい特徴があり、とてもいい部材なのですが、アメリカではどうも印象がよくない……。こうしたアメリカの情勢を読みながら、私たちもアメリカ国内で、住宅用の樹脂の窓に参入しようということになったのです。

まずは、商品開発をしなければなりません。日本から樹脂の窓をつくる機械を持ち込み、三年くらい時間をかけて、試験的に市場参入をはかっていきました。
アメリカで一定の手応えを得たあとで、そのノウハウを逆輸入し、日本で樹脂の窓の販売を開始することにしました。

もちろん、日本では、YKK APも他のメーカーと同じように日本で主流のアルミサッシを製造販売していましたが、アメリカで事業を展開していた私たちは世界の建材メーカーが一気に樹脂に移行していくタイミングを見逃しませんでした。

そのタイミングで私たちも日本の樹脂窓市場に参入し、大きく展開していったのです。

樹脂の窓はアルミに比べ結露が出にくく、断熱性に優れています。私は、アメリカで「オール木」が「オール樹脂」に変わっていく姿を見せつけられています。アメリカだけでなく、ヨーロッパも同じです。ドイツで二年に一回開催される「FENSTERBAU FRONTALE」という窓の展示会があります。そこへ行ってみると、大半が樹脂に変わっているのです。今はとにかく断熱性能も含めて考えると、樹脂の時代なのです。

一方、日本ではアルミと樹脂を組み合わせたものが主流です。YKK APのようなオール樹脂の窓は少ないようです。

〝身内〟の販売店が猛反発

私は「窓」と「樹脂」に全力を投入していたのですが、ＹＫＫ ＡＰがサッシを提供していた町の販売店から、

「これからはお前のところが競争相手になるのか」

と反発の声が上がってきました。

われわれとしてもお取引先の仕事を奪うつもりはありませんでしたので、

「競争相手にはならないよう、引き続きサッシを出荷させていただきます」

とお返事しました。

しかし、樹脂窓の場合、小規模な販売店で作業をすることはできません。樹脂の窓は、工場の中で加工して、ガラスをはめ込むことになります。

ガラスはこのころには複層ガラスが主流になっていました。断熱性能を高くするため、二枚のガラスを合わせたものですが、ガラスメーカーは今までのように町の販売店には任

せることができません。複層ガラスを最初からサイズを決めてつくり、供給することになったのです。

つまり、ＹＫＫ ＡＰでセットにして、窓単体を完成させることになったため、結果として、樹脂窓の場合は、お客様のご要望に応えてガラスを裁断していた販売店の仕事を奪った形になりました。

販売店は「お客様」ではありません宣言

われわれは覚悟を決めて樹脂に走りました。ただ問題は町の販売店です。ＹＫＫ ＡＰだけでも一万五〇〇〇店くらいと付き合っていました。

「その人たちとどう向き合うのか」。避けては通れない問題です。

「事業転換してもらうしかない」……それがＹＫＫ ＡＰとしての結論でした。

二〇〇一年二月、有力販売店およそ一〇〇社に両国のＹＫＫ60ビルにある大きな会議場に集まっていただきました。そこで私は、

「流通システムに変革が起きます。ＹＫＫ ＡＰは窓をつくることにしました。今日からみなさんをお客様とは呼びません。みなさんは単に加工して売るのではなく、真の販売店として業態転換して、独自のサービス提供に努めてください」

と宣言したのです。

当時、ＹＫＫ ＡＰは販売店を「お客様」と呼んでいました。サッシを売ってくださっていたからです。これからは、ＹＫＫ ＡＰは窓までつくるのですから、販売店は「お客様」ではないと説明したのです。これは、ＹＫＫ ＡＰはサッシという材料売りではなく、窓売りをメインにしますという宣言でもあります。

続けて私は、

「むしろわれわれと一緒にこちら側に来て、パートナーになっていただき、われわれが進めるビジネス、ビジネスモデルの一翼を担ってください」

とお願いしました。

つまり、販売店に対して、今まで培った技術で業態転換していただくよう呼びかけたのです。具体的には、二〇一〇年にスタートした「ＭＡＤＯショップ」という小売のビジネスです。その看板を掲げた店舗を構え、半径五〇〇メートル、最大でも一キロメートルの範囲の中の住宅を自分のお客様として、「窓のホームドクター」となってはどうかという提案でした。

地域住民の中から、「今度結婚することになり、家を建てるので窓が必要です」「家を建ててずいぶんたつが、窓が壊れてしまった」という要望があれば、それに応えるのが仕事です。

そして、すべての販売店に同意していただいたわけではありませんでしたが、それでも約一〇〇〇店の「ＭＡＤＯショップ」が誕生しました。

「ＭＡＤＯショップ」の方々に対し私は、「ＹＫＫ　ＡＰの製品だけでなく、どこのメーカーのどんな窓でも扱えばいいのではないか」と提案しています。実際はほとんどがＹＫＫ　ＡＰの商品ですが、みなさんが必死に生き残りをかけている中、ＹＫＫ　ＡＰの商品だけを売ってくれというのはムシがよいと思ったからです。

「世界の窓」をターゲットに

二〇一一年、窓工場を埼玉につくりました。われわれの会社で初めての「窓」の製造拠点です。サッシだと、もっと大きなトラックになるのですが、二トントラックでとにかく戸建住宅一軒分、注文いただいた家まで、完成した「窓」を運ぶのです。工場のオープニングの際には、トラックがズラリと並びました。

圏央道白岡菖蒲インターからすぐの場所です。首都圏を含む関東・甲信越の各エリアにタイムリーに供給しています。首都圏なら高速を使って早ければ、二時間で往復できます。窓工場の敷地内に窓加工ラインとガラス加工ラインが併設されており、効率のいい生産が実現できています。

私はつまるところ、超高層も、ビル用も、住宅用もすべてやるつもりです。ただあくまで「窓メーカー」として成長していくつもりです。

海外には一層力を入れたいと思っています。海外の販売比率は現在、二割ですが、これをもっと伸ばしたい。YKK APが「窓のパイオニア」だと日本では言われています。日本の窓も大事ですけれども、今「世界の窓」を考えています。世界で窓の需要はまだ伸びます。日本のサッシメーカーで、生産拠点が海外にあるところはありますが、市場として世界を本格的にとらえようとしているのはわれわれだけです。ファスナーで世界展開したのですから、窓メーカーとしても世界を見据えていきたいと考えています。

目指すはF1

ここで少しビル建材の話をしましょう。

私はかねてから、ビルはプロジェクトマネジメントが大切なんだと言い続けてきました。それはプロジェクト全体をどうマネジメントし、利益をどう出すかということです。

かつて、ＹＫＫ ＡＰではプロジェクトマネジメントの重要性が徹底されていなかったように思います。それで、二〇〇八年にプロジェクトマネジメントのメカニズムを徹底的に追求して利益を出していく最先端モデルとして、ＹＫＫ ＡＰファサード社というエンジニアリングカンパニーをつくりました。本社はシンガポールです。

高度なエンジニアリングに支えられるオーダーメイドカーテンウォールの外装を「ファサード」と定義しているので、超高層ビルのファサードやカーテンウォールの分野を「Ｆ１」と私は呼んでいます。自動車レースのＦ１のことです。

われわれはファサード分野の「Ｆ１」を目指し、やるならば、特殊なチームでやるべきだと考えました。工場を自ら運営するという従来の考え方を排除し、製造部門を持たないエンジニアリングを主体としたファサードカンパニーをつくりました。

しかも、発注先は社内に限らないとしたため、大きな議論を呼びました。二〇〇七年の十一月に、この話を初めてシンガポールでしたときに、現地の社員が「新しいビジネスモデルの事業が始まる」と非常に興奮していたことを覚えています。

ＹＫＫ ＡＰは、二〇〇〇年代に入って超高層ビルのファサードを手がける国内トップ企業として業界に認められる存在になりましたが、私は世界を相手にビジネスをするには日本式のやり方では戦えないと考えていました。

われわれの強みは、市場の要求に対してベストの品質と価格を提供できるところにあり、これが事業展開の基本となっています。カーテンウォールの内製化の是非を巡り社内で交わされた議論を振り返ると、「高度な製造技術があるんだから自社で製造すべき」という意見が主流でした。

しかし、私の考えは違いました。顧客が求めるデザインを適正な品質とコストで提供できるのであれば、他社製でもよいと判断したのです。

ファサード事業の目指す方向は、最高の部品を集結して車体を構成し勝負に挑むＦ１と似ています。ＹＫＫ ＡＰにおいても最優先事項は、世界レベルの与条件を満たした製品供給であり、そのためには外部調達もあってしかるべきなのです。

こうして、二〇〇八年一月に、世界のファサードメーカーと正々堂々と戦い、ナンバーワンの座を目指すという大きな目的を持って、ＹＫＫ ＡＰファサード社を発足させました。

ＹＫＫ ＡＰファサード社は、とくにメッセージ性の高いプロジェクトに挑戦し、建築文化の創造に貢献すること、先進技術、とくに「環境技術」の導入・開発・蓄積に努め、他事業への展開をはかること、そして、付加価値の高いビジネスモデルを構築することを事業運営の根幹に置いています。

ファサード事業は、多くのライバルメーカーが参入している分野であり、どこも利益を生み出しづらい、苦労の多い世界です。ただ、一度でも超高層ビルのファサードを手がけた人は、その魅力にとりつかれ、利益を度外視しても突き進みたくなるものだといわれています。

後先のことを考えずまっしぐらになってしまう気持ちはわからないでもありませんし、その突き進んでいく姿は、われわれも大いに学ぶべきで、その積み重ねがＹＫＫ ＡＰのグローバルブランドを高めることに必ずつながると思っています。

けれどもビジネスとして成り立たせることも忘れてはいけません。だからこそファサード事業は、プロジェクトマネジメントにより、適正な利益を追求していきます。

第4章

私の「善の巡環」経営

車座集会の意味

これまでお話ししましたようにＹＫＫグループは、ファスニング事業とＡＰ事業を経営の柱として、事業展開していますが、その下支えとなっているのは吉田忠雄が唱えたＹＫＫ精神「善の巡環」です。社員にもそれを浸透させています。「善の巡環」では、ステークホルダーは顧客（取引先）・社会・社員の三者です。だから、社員への浸透は重要なのです。

社内に浸透させる手法は至って、シンプルです。車座集会による社員との直接対話です。今ＹＫＫグループは、七一の国・地域で業務を展開していますが、私や社長だけでなく、執行役員も含め、国内外で一〇人から一五人の社員を集めて理念について対話するのです。

私自身もこの「善の巡環」を話します。中国でもヨーロッパでも、同じです。一時間半ほど社員と質疑応答を交わすと、一番質問の多いのは「善の巡環」に関する質問です。

なかでも「この経営哲学のもと、こういうときはどう考えるのか」という質問が多く出できます。こうした議論を頻繁にやっていないと、彼らが上司になったときに部下に説明できません。

最近、興味深く感じるのは、日本人社員より外国人社員のほうが熱心だということです。日本人に対してはさんざん「善の巡環」を言ってきたので、ちょっとしたアレルギーが起きているのかもしれません。かえって外国人のほうが嫌がらずに「善の巡環」を熱心に聞いてくれ、質問も多いというのは新しい発見でした。

「善の巡環」のフレーズは、ただオウム返しのように言えればいいというわけではありません。

実際の問題に直面したときにどう対処するかが大事なのです。書物を読んで勉強するということもありますが、実践の中で身につけなければなりません。ケースバイケースで判断するのです。

世界中から社員を集めて一日かけて行なう会議も、年間では一〇回くらいあります。平均すると「月に一回」のペースです。最近はテレビ会議も多くなりました。

ＹＫＫ ＡＰでは毎年、事業計画を新聞発表する前の二月末に、社員を集めて説明しています。自社のことを新聞紙面で初めて知るのも変だから、みんなに先に話をしておくよというわけです。

黒部のＹＫＫ50ビルにある国際会議場に、二〇一七年の二月には四七〇人くらい集まりました。この日はこれ以外にテレビ会議で、日本中の何十カ所とネットワークを結び、全部そのまま流しました。そこには一二〇〇人くらいいたと思います。全部で約一七〇〇人が、その日だけでも直接私の話を聞いていました。これはＹＫＫ ＡＰの話で、ファスニングはファスニングで会議をやっています。

普通の企業よりもこうした会議は多いかもしれません。「無駄じゃないか」という見方もできます。こんなに何回も、何十回も会議をやる必要はないと、私自身、以前そう考えていました。

ただ、忠雄は同じことを何度も言っていました。本人は、前に聞いた人がいても、おかまいなしに、誰彼かまわず、ワーッと同じことをしゃべるのです。

私は忠雄に以前に聞いたことがあります。

「よく同じことを飽きずにしゃべれますね」

すると、こんな答えが返ってきました。

「何を言っているんだ。初めてのやつもいるかもしれないし。一回聞いても、わかっていないのもいるから同じことを何度も話すんだ」

私はその後、「同じ話をするのは実は無駄ではない」と思うようになったのです。だから私も世界中の社員が数日間、集まった会合で何度も同じ話をします。

資本主義社会の問題を解決する「善の巡環」

二〇一四年から三年続けてワールドマーケティングサミットが、東京で開催されました。マーケティングの大御所、フィリップ・コトラー氏が呼びかけた会合です。アメリカの大学院で教わった縁で私はコトラー氏とは旧知の仲で、パネラー役を頼まれました。会場には一〇〇〇人くらいの人が集まりました。

私のセッションは、「世界をよくするためにはどうすればいいのか、日本をよくするためにはどうすべきか」といった大きなテーマを扱いました。

そこでは出席者から、現在の資本主義は、優勝劣敗がはっきりし、弊害が出始めているという議論がありました。これから資本主義をどうしたらいいのか。私はそこで、「善の巡環」をかなり具体的に話しました。

すると、そのセッションのモデレーターでバングラデシュの大学の副学長が、

「これ、おもしろい。社員、顧客、取引先、社会、みんながハッピーになる会社のモデルがあったか」

と言ってくれました。これこそが資本主義社会が抱えている問題点の解決法になるのではないかというのです。コトラー教授からは「一緒に論文を書こう」とおっしゃっていただきました。

「善の巡環」はわれわれだけに富が集まるシステムではありません。顧客や取引先に分配しながらやっていくという思想です。

会場では、この思想をどのように世界中のＹＫＫグループに浸透させたのかという質問がありました。私は、

「ＹＫＫグループには、世界に一〇〇人以上の社長がいて、それぞれが、浸透させている」

と答えました。現地の社長が、社員に「フィロソフィー」と「コンセプト」を徹底的に教え込むのです。

私は「善の巡環」をさらに発展、進化させようと考えています。以前、ＹＫＫグループの強さの由来は何かと社員に考えさせました。吉田忠雄の時代から脈々と受け継がれている考え方やフレーズが数多くあるのですが、その中から社員が考え選んだ十数種類を候補として、この中から二つか三つ選ぼうと、社員約一万五〇〇〇人に投票させたのです。最終的には三つが選ばれました。その三つが今「コアバリュー」となっています。「善の巡環」の能書きだけ話しても、社員は理解しません。そこで、この会社の強さの秘密に迫るために「コアバリュー」を明文化したのです。

以前、忠雄が言い始めた「善の巡環」という言葉の語源を探ったことがあります。「善とは何だろう」と、調べると、彼が小さなころに、西田幾多郎の『善の研究』という本が出版されていた事実にたどり着きました。当時のベストセラーで多くの方に影響を与えた本です。私は、忠雄は子供心に、『善の研究』の善という言葉が頭に残っていたのではないかと考えています。

また、仏教を世界に広めた方に鈴木大拙という人物がいます。金沢で勉強した人ですが、西田幾多郎と鈴木大拙が融合して、忠雄に影響を与え、「善の巡環」が生まれたのではないかと勝手に推測しています。

「善の巡環」は今も経営の隅々にまで浸透しています。私自身、この哲学をベースに経営しています。

感謝の六万円

二〇一四年三月三十一日、国内一万七〇〇〇人の社員に一律六万円を支給しました。リーマンショックの後の苦しい時期を乗り切ろうと、社員一人ひとりが構造改革に頑張ってくれたことで、好業績になったからです。「善の巡環」に基づいて、社員への感謝の気持ちとしての六万円でした。

安倍晋三総理は、まず企業が率先して給料を上げてほしい、ベースアップしてくださいとおっしゃっていましたが、ベースアップは全員を底上げすることになり、経営的にみれば、なかなか難しいのも事実です。また、ボーナスで社員に還元するには、ルール改正が必要で、それでは支払いが遅れる懸念がありました。

利益があるのに何もしないのは、社員のためにも組合のためにもよくない……。

そこで考えたのが、一〇億円を原資に社員に特別一時金を出すことです。年齢や給与レベルに関係なく、一律の六万円の支給です。結局二年連続支給しました。

とくに女性社員が喜んでくれました。体育館で開かれた新年の集いの席で、私が六万円支給の話を切り出すと、拍手喝采。ある社員は「私たちは飛び上がってバンザーイって言おうと思ったくらいです」と話してくれたものです。

「六万円ははたして多いのか、少ないのか」については議論のあるところです。ただ、あくまで社員一人当たりの金額です。ＹＫＫグループには、夫婦で勤務したり、親も働いているという家が多くあります。一家で三人がＹＫＫで働いている場合、それなりのお金が家に入ってくるとも考えられます。

そして、そのお金は黒部の街にも還元されるのです。飲み屋街からもずいぶん感謝されました。飲み屋の人が「ありがとうございます！」と言うから、私は「あなたの店にお金を出しているわけではないよ！」と笑いながら応じたのを覚えています。

女性の執行役員

二〇一六年、ＹＫＫは初めて女性の執行役員を二人登用しました。私はいつも社員の働きぶりを見ていますから、今回の二人の昇格についても「いいんじゃないのか」と後押ししましたが、むしろ遅かったと反省したほどです。

二人の女性執行役員が優秀だというのはかなり以前からわかっていました。もっと早く昇格すべきだったかもしれません。ただ、女性をすぐに執行役員にすることが難しい雰囲気があったのは、間違いありません。

だから、絶対に誰からも文句を言わせないというレベルの人を選んだつもりです。

黒部事業所で広報の責任者をしていた小林聖子を執行役員総務部長にしました。広報という観点で社外の人と接点を持つ仕事でうまくやっている女性が弊社にはたくさんいます。弊社にとって広報は、女性がいろいろなことを経験し、育つことができる大切な部門です。

もう一人は、工機技術本部の技術企画室長の山崎幸子です。技術部門から、彼女を選びました。

女性執行役員登用を受け、あの部署で女性の執行役員が出たなら、この部署で出てもおかしくないという状況が社内の至るところで発生するでしょう。そのため、今後、女性の役員比率はどんどん上がっていくでしょう。

定年は九十歳に

私は働き方の変革を行ないたいと考えています。今までの延長線上でルールを変えるのではなく、働き方をがらりと変えたい。その最たるものは定年制の廃止です。

当初、人事部は難色を示しましたが、会社の中に「働き方変革への挑戦プロジェクト」が立ち上がりました。

社長直下で、そのプロジェクトを進めています。私は以前から、定年廃止論を主張していますが、最近は定年制をつくってもいいと思い始めました。

定年を九十歳にしたらどうかと提唱しているのです。

日本で初めて定年制ができた当時、定年は平均寿命よりも長かったといわれています。つまり、「働ける人は全部働く」という発想です。定年だからといって辞めるのはもったいないと私は考えています。

そのかわり評価はしっかり行ないます。年をとれば、「体が弱くなってきた」「目が弱くなってきた」「こういう仕事は嫌で、こういう仕事ならできる」という声も上がるでしょう。こうした声も踏まえて、人事評価をしていきます。

ただし、年齢で区切って「六十五歳になったから全部辞めなければならない」というのはやめたいと思っています。

今はどんどん寿命が延びて、年をとっても元気な人が劇的に増えています。平均寿命は女性が八十六歳で男性は八十歳。定年を九十歳にしたら、ちょうどいい。「九十歳の定年まで頑張るぞ」という人や「八十五歳になって、もう、ちょっと疲れてきたから、辞めるわ」という人。いろんな人がいるのがいいと思います。

なぜ、「年功」を大切にするのか

社内では競争すべきだと思っていますが、「年功序列」も大切だと思っています。世間ではあまり評判がよくありませんが、吉田忠雄は、「年功」というものに敬意を払えと常々言っていました。

会社の中では、どんな順番で座ってもいいが、社外での会合などでは、年長者の人や、社会的な評価を受けている人を立てよ、と主張していたのです。つまり、そういう評価基準があって、序列があるならば、それを受け入れなければ、社会が回らないという考え方です。

私自身も競争は必要だが、一方では、きちっとした序列をある程度認めながら進んでいくことにしています。

ただ、会社の中は、それとはまた別の基準があり、年功序列だけではうまく機能しないのも事実です。

若い人は若い人なりに勉強をしており、新しい感性もあります。こうした人々をどんどん抜擢しなければ、世の中は成長することができません。その意味では年功など気にせずに競争しなければいけません。とんでもない偉業を成し遂げた人には敬意を払わなければなりません。

会社には、いろんな人がいて、いろんな考え方があります。ＹＫＫでは、世界に散らばっている営業マンであっても、技術者であってもお客様とタッグを組み、議論をしながら、商品をつくりあげていくのです。

その商品が非常にいいものだと、他の国でも、「あれはおもしろいから、うちでも使いたい」というような話になります。そうなるとこの人は社内的にも当然評価されます。

社用車使わず、一時間半の電車通勤

私は、東京では定期券を使い、一時間半かけて電車通勤をしています。最寄駅から東海道線に乗って、東京駅で山手線か京浜東北線に乗り換えて、秋葉原駅に到着、そして歩いて出社しています。通勤に車は使いません。電車通勤というルールがあるわけではないのですが、社長も副会長も私と同じように電車通勤しています。

そういう社風ですので、以前、銀行や役所出身の人がＹＫＫの役員として入られたことがありますが、なかなか長続きしないのです。彼らとしては、当然のこととして、「車を一台あててください」とおっしゃいますが、こちらは「そういう習慣がないもので……」と当惑しながら応えるしかありません。

とはいえ、仕事で車を使わなければならないこともありますから、黒塗りの社用車を一台だけ用意しています。会長、副会長、社長、誰でも空いているときは使っていいというルールです。

原則、夜遅くに車が必要なときは、ハイヤーを頼むようにしています。他の役員にも、社用車の運転手の勤務時間を考慮し、必要ならハイヤーを使うように指示しています。

私自身はハイヤーを使う際には、たいていは自宅まではなく、品川駅まで送ってもらい、そこで電車に乗り換えるようにしています。自宅まで帰るには、電車を使ったほうが早いからです。

黒部では「社員の運転手」

黒部では自分でハンドルを握ります。黒部宇奈月温泉駅の駐車場に、私が新幹線で到着する前に、会社の車両部が車を駐車しておいてくれるのです。

私はお酒を飲まないので、黒部で会食の際、社員を乗せて運転することもしばしばあります。ですから、会食で酒が出る際、社員に「大丈夫だよ。私が運転してあげるから」と言っています。付き合いの浅い社員はびっくりしますが、私はそういうのは全然気にしない性質なのです。もちろん家族の中でも私が運転手です。

運転するのが好きなのです。それに、運転手を待たせるくらいなら、自分で運転したほうが、効率的です。

海外出張のときは、空港についたら、迷わずに成田エクスプレスの乗り場に向かいます。

「帰りくらいはハイヤーで家まで帰ってもいいのではないか」と秘書は言うのですが、私は効率を重視したいのです。

そんなふうですから、パーティーなどで、「車番を教えていただけますか」と聞かれると困ってしまいます。「すみません、ハイヤーなので、車番はその日にならないとわかりません」としか答えられなくて……。

ふらりと社員食堂でランチ

私は、社員食堂にもふらりと行きます。一応、肩書は「会長」ですが、普通に座って、ご飯を食べるようにしています。ポツンと一人で食べることもあれば、秘書と一緒や新入社員に声をかけて一緒に食べることもあります。まわりははらはらしているようですが、私はみんなと同じものを一緒に食べることが大切だと考えています。

私の流儀に慣れてない一部の役員は驚いています。他社の方に、

「この会社、どうなっているのですか」

と質問されることもあるのです。

「この会社にいると、誰が社長で、誰が偉いのか、よくわかりません。よくそれで統制がとれますね」

と困惑する顔を何度も目撃しているほどです。

私は黒部でも、東京でも、会長室に閉じこもるのが嫌いです。ですから、突然、ふらりと社員の執務フロアに現れたりもします。社長がお供を連れて社員と接触する会社もあると聞きますが、私はそんなやり方はしません。会社全体が窮屈になってしまうように思うからです。

幹部といかにコミュニケーションをとるのかも重要です。うちの副会長に西崎誠次郎さんという方がいました。海外の事業部のトップだったのですが、彼とは昔から、エレベーター前のホールでいろいろ話をします。アポをとって、社内で会議をやる必要はないというのが二人の共通認識です。エレベーターホール・ミーティングを大事にしようと言っています。

形式ばらずに、ちょっと会ったときに、話せばいい。それがうちの会社のやり方です。

幹部社員だけではありません。デスクに向かっている社員に対し、「何かある？　何か言いたそうな顔をしているよね」と問いかけます。

そうすると、社員の反応は分かれます。

「お話ししたいことがたくさんありますが、まとまっていないので、まだ話せません」

「後ほど、メールでご連絡します」

などという社員。これは、よくないパターンです。

まとまっていなくても、現状報告をしてくれたほうが、業務はスムースに運びます。

「一〇ある案件のうちの、三つでも四つでもいいから言ってよ」

と言うのですが、

「いや、ちょっとまとめて……」

という反応です。

私はこんなタイプだから、社内ゴシップを含めて「取材」に歩きます。「よう」と声をかけ、若い人とも接触します。社内で最も取材力があるかもしれません。

ＹＫＫでは、問題が起きたら、すぐにトップにまで情報が上がるシステムになっています。たとえ何か問題が発生して、社員が抱え込んでいても、私は自分の取材力で、情報をキャッチする自信があります。そのことをまだ認識していない人たちが、殻をつくってしまうと、とんでもない事態に発展してしまいます。

うちの会社でも、ＣＲＯ（Chief Risk management Officer）を置き、リスクマネージメントの組織をつくっていますが、私のもとには、関係のないところから、いろいろな情報が入ってきます。

問題が発生した場合、十秒の話でもいいから、「実は、こういうことが起こりました」という情報を上げてほしいと思っています。

情報が早いのは、よいことです。消防署でも警察署でも、早くないとみんな困るのと同じです。

海外駐在員の心得

ＹＫＫの海外駐在員は大変です。言語、文化や価値観の違う社会で、お客様の要求に応えなければなりません。駐在員が「あのアパレルメーカーはこんな品質のファスナーを欲しがっている」などの要望を聞けば、「技術の総本山」である「黒部」に伝えなければなりません。ファスナーの製造に役立てるためです。

ただ、顧客の希望する商品をつくっても、それが受け入れられるかどうかはまったく別の話なのです。私は「本当にそれで、その客は満足するのか」「その客の競争相手との関係を見たら、こんな商品では駄目じゃないか」と問い詰めたりします。

ファッションの世界にはトレンドがありますが、それは一つのトレンドではありません。その点が建築の世界などとは違っています。建築では、誰かがあるデザインをつくったら、それを勉強して、追随することがあるのですが、ファッション界は模倣しても、消費者に受け入れられません。

海外でも、うちの会社では、現地法人が権限を持っており、人事も現地のトップ主導で決まります。もちろん本社の人事部がリストを出しますが、それは参考程度です。現地の社長が「チームワークのできる人が欲しい」「こういうタイプの人間が不足している」と要望し、人事が決まる仕組みなのです。現地で採用された外国人も多くいるので、そういう人とも意思疎通できる人でなければなりません。

逆にいうと、日本から赴任した駐在員が「あんたどのくらいできるんだ」と値踏みされることもあります。本社に海外会社がぶらさがっているという発想はわれわれにはありません。

もちろん、複数の国で行なっている事業などは調整が必要になってくるケースもありますが、基本的には独立しています。

海外拠点「日本人五%」の意味

現地の従業員の中にいる日本人の割合はだいたい五%以下です。つまり、海外拠点のほとんどが現地の国籍の社員で運営されているわけです。

ただ、少ないながらも日本人がいるメリットもあります。横のコミュニケーションがとりやすいからです。たとえば、同じ南米でも、ブラジルとアルゼンチンでは日本人が仲介し、調整するとうまくいきます。

われわれは、経営の根幹にフェアネス（公正）を置いています。経営の根幹には七つの言葉（顧客、社会、社員、公正、商品、技術、経営）があるのですが、そのど真ん中がフェアネスです。

それを担っているのが今のところは日本人なのです。抗争がある地域もあります。たとえば、「彼はどこどこの出身だから」というだけで仲が悪くなったりする国や地域もあります。そういう点では、日本人が一番フェアにみてくれると思われているのです。

私は長く、日本人の割合を減らしたいと思ってきました。全部現地人でやれるような会社組織をつくるのが目標だったのですが、現時点ではゼロにはできないと実感しています。

一方、現地にいる日本人の中には、日本語は堪能ですが、感覚は日本人ではないという人も少なくありません。三十年ほども現地にいると、本人も家族も日本に帰りたがらないというケースが出てくるのです。そうした場合、本人に帰国命令を出すと、家族は「お父さんいってらっしゃい、バイバイ！」と送り出します。まさしく逆単身赴任です。

現地での採用に関しては、国籍よりも、ＹＫＫが好きで、ＹＫＫ精神を理解してくれる人という視点から行なっています。

われわれは世界で六極経営体制をとっており、北中米、南米、ＥＭＥＡ、中国、アジアのそれぞれに極を統括する拠点があります。

人事や給料などで問題が起きた際、日本の本社に直接言われてもわかりません。とりあえず、地域の拠点に情報を集めるようにしているのです。その拠点には、現地の消防署、病院、警察、弁護士事務所などに精通しているプロフェッショナルが集まっています。

株式公開しない理由

ＹＫＫは、株式を公開するつもりはありません。会社のあり方として株主が大事だという考え方はありますが、われわれの最も重要なステークホルダーは、顧客（取引先）・社会・社員なのです。これは「善の巡環」を踏襲した考え方です。ただ、うちの会社の場合、基本的には社員が株主となっており、少し複雑な構図です。

上場することで、コストのあまりかからないお金を手に入れて、事業を起こす。それはもちろんいい考え方ですが、われわれは外から資金を調達する必要がありません。無借金経営を続けています。

ＹＫＫの株式を持つ社員は、株の売買で儲けることはできません。吉田忠雄の時代から、給料やボーナスから天引きされる形で購入しています。

忠雄は株を買うなら、ボーナスを増やすと言いきりました。さらに、株を買わないなら、ボーナスを増やさないとまで言ったのです。すると、社員が株を買い進めました。

ただ、その昔は、退職する際には返却しなければなりませんでした。十年いても、三十年いても、株はそのときの額面で返却するのです。配当は一八%ほど支払っていました。時代の流れとともに、私は少し軌道修正しました。退職後も株の保有を認めたのです。社員の中で退職時に株を手放したくないという人がいたからです。上場し、高値で売れるかもしれないという期待感があるのかもしれません。「子どもが働いているから」とか「ずっと会社の業績を見守っていたい」とか、いろいろな理由から、返却を拒む社員がいました。

会社は法律的にはこうした社員の株を強制的に取り上げるわけにはいきません。

非上場企業の株主総会の実態

上場企業の社長から「お宅の会社は、煩わしい株主総会がなくていいですね」と、うらやましがられますが、私は「われわれは株主総会をやっています」と返しています。

現在の筆頭株主は社員持ち株会である恒友会です。約一万三〇〇〇人の社員が会員になっています。株主総会の前に、すべての取締役が全国に散らばり、恒友会集会を開催し、社員株主に対して株主総会さながらに詳細な説明をします。

全国に二〇カ所近くある会場をテレビ会議システムでつなぎ、まず会長と、ＹＫＫとＹＫＫ ＡＰのそれぞれの社長が、目の前にいる人たちだけでなく、カメラの向こうにいる人たちに向かって話をします。その後はそれぞれの現場で、取締役がそこに集まってきた社員株主と質疑応答をするのが通例です。

これを株主総会の前と年末の年に二回行ないます。

取締役が会社の現状について説明するのですが、どこでも質問攻めになります。結構厳しい質問も出てきます。私はそれでいいと思っています。ですから私はその集会で、株主として向こう側に座って質問する社員に「厳しい質問をしたかしないかで評価するからな」と尻をたたくようにしています。

すると、彼らも遠慮しません。会社の情報については、一般の株主よりも知っているので「こんな噂があるけれども実際はどうなのか」とかいろいろと痛いところを突いてくるのです。

最近は、「私も会長になったのだから、株主総会で経営側でなく、株主側に座りたい」と役員に言っています。しかし、役員は「駄目です」と断固拒否。もちろん、役員の気持ちもわかります。私が株主側に座ったらどんな質問をぶつけてくるかわからないから。でも、私は「やっぱり元気なうちに株主席に座りたい」と言って笑います。半分本気です。

適当なことばかり言っているようですが、社外の監査役の人や社外取締役の人たちは、「この会社は上場していないけれども、おもしろいほどにバランスがとれている」と言ってくれています。上場企業のような密度の濃い株主総会になっているという自負はあります。

あるときの恒友会集会で、製造現場の中堅の女性社員が質問しました。

「私はファスナー工場で働いていますが、ライン長にはいつなれるのですか」

何でも言っていい公開の場だから、このときがチャンスと、手をあげる人も大勢います。一人が口を開くと、われもわれもといっせいに言い始めるのです。

「アメリカのビジネススクール」と「日本の新卒採用」

アメリカ・イリノイ州のノースウェスタン大学の大学院に、ケロッグというビジネススクールがあります。私はこのケロッグ経営大学院で二年間勉強しました。ここでは、近代マーケティングの父とも言われるフィリップ・コトラー教授に教わり、教授とは今も交流が続いています。

私は以前、ケロッグ経営大学院の校長の諮問機関、アドバイザリーボードのメンバーで、このメンバーの会議のために、一年に一回か二回、シカゴに行っていました。アドバイザリーボードのメンバーは、全部でおよそ一〇〇人。半分は先生たちで、半分は外部の人です。そこで、ケロッグ経営大学院のテーマを話し合います。

ビジネススクールというのは、実はランキングが重要なのです。学生がどこのビジネススクールで、MBA（経営学修士）をとったかが、企業の人事担当者の評価基準になるからです。このランキングは、アメリカの雑誌社などが決めています。

アドバイザリーボードでは、ケロッグ経営大学院としての目標を協議します。たとえば、「全米の何位を目指す」という目標です。トップを目指すなら、トップになるための方法を考えます。マーケティングの学校だからそれは誰よりも一番わかっているのです。たとえば、米誌『ニューズウィーク』がランキングを出すなら、その雑誌社には、ランキングをつくるための計算方法があるはずです。アドバイザリーボードでは、データに基づき分析すれば、自ずと順位は上がると予測します。その結果、実際に、三位以内には何度も入り、目標を達成しています。

続いてアドバイザリーボードで議論になったのは、ケロッグ経営大学院の卒業生の就職です。そのとき、就職先で評価され評価点が一番高く、一位になることが重要だという結論になりました。どの会社にどのようなタイプの学生が行くのか。ある業種の会社がどのような学生を求めているのか……。学生と企業双方の立場や状況を踏まえながら、学生を送り込めばいいのです。

学生はある意味では〝商品〟なのです。その〝商品〟をケロッグ経営大学院の二年間という期間の中だけで、つくりあげなければなりません。

だから、ケロッグ経営大学院では、ある程度優秀な〝半製品〟である学生を入学させ、あとはビジネススクールの先生たちが育て、磨きをかけ、卒業時には立派な〝商品〟にする。どのようなやり方で、どのように〝商品〟をつくるか。緻密にプログラムを考えていくのです。

このように、ビジネススクールの中にＯＢがたくさんいて、先生がいて、侃々諤々、議論しています。彼らは、会社に役立つ人間を教育するのです。

その意味で、日本の新卒は本当に使えるのか、疑問が残ります。これまでの日本企業は、とにかく新卒を採用して会社の中で育てるというやり方をとっていましたが、採用してうまくいかなくても放り出すわけにはいきません。

しかし、新卒の三分の一は三年以内に辞めるというデータもあり、採用の仕方自体が間違っているような気もします。

採用の仕組みも、採用する人の評価の仕方も変えるべきだ……。そう考え、いろいろな採用方法や評価制度を人事部に提案しています。しかし、私は当たり前のことを言っているつもりですが、人事部にはあまり歓迎されません……。

会長辞任後は……

私は社長になったとき、執行役員の年齢の上限を六十五歳にしました。執行役員の中に社長も入っています。そうなると、社長の上限年齢は六十五歳ということになります。

新聞記者は毎年年度末になると、「社長交代はないですか」と取材に来るのですが、執行役員の定年を六十五歳にしたので六十五歳直前に取材攻勢が一段と激しくなるのは必至です。

そこで序章にも書いたとおり、業績も好調だったため、一年早めに社長交代を打ち上げました。それが六十四歳のときです。

そして、ＹＫＫとＹＫＫ ＡＰ双方の会長兼ＣＥＯとなりました。ＹＫＫという会社は吉田忠雄以降、社長が一番偉いというのが私の持論です。すべての意思決定は社長がすればいいのです。

ですから、「会長は何をやるんだ」と言われたら困ってしまいます。そこで、しかたがないから「株主総会は全部担当します」と言いました。

先ほども言いましたが、ＹＫＫは上場していません。社員持株会である恒友会の会員が日本中にいます。株主総会だけでなく、年に二回開かれる恒友会集会に行くのも仕事の一つです。海外会社の株主総会は毎年行くようにしています。

二〇一五年八月に建て替えた本社ビルの六階に、会長室と二つの副会長室をつくりました。今は会長室で仕事をしていますが、いつまでも会長をやるわけではありません。社長を卒業した人で、適性があれば新たに会長になる人が現れるでしょう。

そうすると私は会長室にいられなくなるので、ここだけの秘密ですが、本社ビルの会長室と同じフロアにこっそり別室を用意して、その日のために準備しています。そうやって常に新しい楽しみを見つけているのです。

「本社は東京になくてもいい」——地域に根差し、世界に挑む流儀

ジャーナリスト　出町　譲

今回、取材・構成という立場で本書に協力させていただいた。私は吉田忠裕氏と同じ富山県出身だ。そのような立場から、今回の取材で興味深かったのは、吉田氏の富山へのこだわりだ。「本社は東京になくてもいい」ときっぱり言いきる姿勢に、私は驚き、共鳴した。

ふと、思い出したのは、一九九八年から三年余りのニューヨークでの特派員生活だった。当時、経済担当記者だったが、かの地でも、東京流の取材を目論んだ。大手企業の広報部にかたっぱしから電話して、直接広報担当者と会うやり方だ。

しかし、十分には通用しなかった。ニューヨークに本社を置いているのは、メリルリンチやゴールドマン・サックス、チェース・マンハッタンといった金融機関ばかりだったからだ。

それでは、有力企業の本社はどこにあるのか。

たとえば、ＧＭやフォードなどの自動車メーカーは、デトロイトに本社がある。

なかでも驚いたのは、人口五六万人（二〇〇〇年当時）のアメリカ北西部の都市、シアトルの存在だ。ここには、コンピュータソフト最大手のマイクロソフト、コーヒーチェーンのスターバックス、ネット通販のアマゾン・ドット・コム、会員制の流通大手のコストコなど有力企業が目白押しだ。航空機メーカーのボーイングも最近までシアトルが本社だった。シカゴに移転したあとも、一大拠点として存在している。いわば、「最強企業」が、日本の鹿児島市程度の人口の都市から世界を相手に「外貨」を稼いでいるような状態だ。

実際、連結売上高トップ一〇〇社のうちニューヨーク周辺に本社のある企業は三割未満にとどまるという。日本とはまったく違う風景となっている。

この本の中でも、吉田氏はこんなエピソードを紹介している。

ＹＫＫの現副会長の猿丸雅之氏に「本社はどこにあったらいいか」と尋ねたところ、猿丸氏はこう答えた。

「本社機能がどこにあるかは、実務をするうえで問題にはなりません。極端な話、バーチャルでもいいですし、世界中のどこにあってもかまいません。ファスナー生産量の八割が海外ですから、東京でやり取りを行なう必要もない」

東京に本社があると、ぬるま湯的な体質に陥ると警鐘を鳴らすのは、日本総合研究所調査部主席研究員の藻谷浩介氏だ。

東京、神奈川、千葉、埼玉の東京圏の人口は実に三六〇〇万人。これだけの巨大市場があれば、きわめてビジネスがしやすい。藻谷氏は「東京に依存しない国土構造のあり方」(国土交通省HP)という講演で「企業としては、一旦進出すればあまりにも楽に商売ができるから、よそへ出られない会社になってしまう危険があります」と強調する。

東京には、営業拠点があればよく、本社機能までを置く必要はないというのだ。

藻谷氏は、多くのアメリカの有力企業が地方都市に本社を置いている点については「ニューヨークの企業が地方に移転したからではなく、この100年でニューヨークにあった企業が凋落し、地方にある企業が勃興したことが要因ですが、でも新興企業はニューヨークに本社移転をせずに、発祥の地で世界経営を続けているのです」と解説する。

アメリカでは、地方発で新たな企業が勃興している。新陳代謝のよさは、アメリカの国家の強みになる。そんなことを考えると、今日本が最も力を入れるべきテーマは、地方拠点の企業がより元気になることではないだろうか。

そうした地方発の新たな動きは国の将来も左右する。それを深く認識しているのは、石破茂前地方創生担当大臣だ。近著『日本列島創生論』でこう説く。

「国主導の金融政策、財政出動のみで地方が甦ることはない。地方が甦ることなくして、日本が甦ることはない。本気で日本を甦らせるためには、新しい動きを地方から起こさなくてはならない。地方から革命を起こさずして、日本が変わることはない」

さらに、石破氏は「明治維新は地方の志士たちによって成就したのであって、江戸幕府の成し遂げたものではありません。戦後の日本は、アメリカによって大きく変わりましたが、それ以外の歴史を見た場合には、大きな動きは地方から始まっていることのほうが多いのです」と指摘している。

全国を歩き回り、地方の情勢に詳しい石破氏と藻谷氏。東京一極集中への危機意識が通奏低音となっている。そして、そうした現状を打破しようと、企業活動として実践しているのが、吉田氏だ。

私が括目したのは、吉田氏の黒部市のまちづくりへの実践だ。第三セクター「あいの風とやま鉄道」の黒部駅前の活性化に力を入れている。北陸新幹線開業で、新幹線の黒部宇奈月温泉駅ができて、客は減っている。それをなんとか食い止めるため、とった手段が「YKK社員の単身寮」の活用である。

黒部駅前にある約一万四〇〇〇平方メートルの敷地に単身寮を建設し、「K-TOWN」として整備している。社員四人ずつが入居するタウンハウスを二五棟、合計一〇〇人が住める単身寮となる。

黒部の「まちづくり」に貢献するため、寮内には、食堂は設けなかった。寮に暮らす社員はまちに積極的に出て、飲食店や小売店を利用すればいいという考えだ。

さらに、一般の人も利用できる小売店や集会場などが入った「K-HALL」も併設。「これからも黒部駅前の風景をどんどん変えていく」と、吉田氏は意気込みを語る。

また、黒部市内には、パッシブタウンと呼ばれている次世代住宅街も建設中だ。この住宅街は、ＹＫＫの社員だけでなく、一般の人も住める。風、地下水、太陽など黒部の自然をふんだんに使って、エネルギー消費を低下させる。二〇二五年までに六街区、およそ二五〇戸が完成する予定だ。

吉田氏はなぜ富山にこれほどこだわるのか。その原点は、「善の巡環」というＹＫＫ独自の経営哲学だと私は考える。

それは、利益を会社が独り占めするのではなく、顧客、取引先にも分配しようという考え方だ。地域社会において「善の巡環」が実践されれば、顧客、取引先、自分の会社がそれぞれ繁盛し、たとえば、多くの税金を納め、道路や下水が整うことになる。つまり、個人や企業の繁栄がそのまま社会の繁栄へとつながる構図だ。

この経営哲学は、社内で今も共有されている。ＹＫＫにとって、黒部市への貢献も「善の巡環」を実践していることになる。

しかも、ＹＫＫは、世界のトップランナーであるにもかかわらず、それに安住していない。絶えず、危機感を抱き、社員に発破をかける。「高級路線に逃げない」とし、高級ファスナーだけでなく、「スタンダード」部門も強化しようとしている。つまり、「外貨」を稼ぐパイプをより太くしようという戦略を描く。

地域に根差し、世界に挑み、外貨を稼ぐ企業の存在は、少子高齢化や財政赤字に苦しむ日本にとってきわめて重要なプレーヤーになっている。大仰な言い方を許してもらえれば、明治以来の東京一極集中を打破する〝志士〟のような存在といえる。地域や国内にとどまらず、世界で稼ぐ。そんな企業がどれだけ現れるか。日本の再興はその一点にかかっている。

〔参考文献〕

『私の履歴書　昭和の経営者群像4』日本経済新聞社編（日本経済新聞社）
『YKKの経営　吉田哲学世界を行く』岩堀安三著（ダイヤモンド-タイム社）
『獅子が吼える　YKK創始者　吉田忠雄の生涯』木村勝美著（リヨン社）
『YKK五十年史』五十年史編纂室編（吉田工業）
『創る売るその発想』吉田忠雄著（サンケイ出版）
『人間吉田忠雄語録　仕事儲け人儲け　ワールド・エンタープライズ「YKK経営」の勘どころ』
吉田忠雄著（大和出版）
『脱カリスマの経営』吉田忠裕著（東洋経済新報社）

装丁▼奥定泰之
装丁写真▼吉田和本

〈著者略歴〉
吉田　忠裕（よしだ・ただひろ）
ＹＫＫ株式会社・ＹＫＫ ＡＰ株式会社 代表取締役会長ＣＥＯ。
1947年、富山県生まれ。慶應義塾大学法学部卒業。1972年、米国ノースウェスタン大学経営大学院（ケロッグ）修了、ＹＫＫ株式会社（旧吉田工業株式会社）入社。1990年、ＹＫＫ ＡＰ株式会社 代表取締役社長。1993年、ＹＫＫ株式会社 代表取締役社長。2011年より現任。

［取材・構成］
出町　譲（でまち・ゆずる）
1964年、富山県高岡市生まれ。早稲田大学政治経済学部卒業。1990年、株式会社時事通信社入社、ニューヨーク特派員などを経て、2001年に株式会社テレビ朝日入社。ニュース番組でデスクを務める傍ら、著作活動を開始。著書に『清貧と復興　土光敏夫100の言葉』（文藝春秋）、『九転十起　事業の鬼・浅野総一郎』（幻冬舎）などがある。

ＹＫＫの流儀
世界のトップランナーであり続けるために

2017年９月１日　第１版第１刷発行

著　　者　吉田忠裕
発 行 者　岡修平
発 行 所　株式会社ＰＨＰ研究所
東京本部　〒135-8137 江東区豊洲5-6-52
ビジネス出版部　☎03-3520-9619（編集）
普及一部　☎03-3520-9630（販売）
京都本部　〒601-8411 京都市南区西九条北ノ内町11
PHP INTERFACE　http://www.php.co.jp/

組　　版　有限会社データ・クリップ
印 刷 所　図書印刷株式会社
製 本 所　株式会社大進堂

 ISBN978-4-569-83656-0